高彦彦 编著

经济博弈论
Economic Game Theory : A Primer
基础教程

东南大学出版社
SOUTHEAST UNIVERSITY PRESS

内 容 提 要

本书是经济学和管理学入门级别的博弈论教材,适用于经济和管理学科的本科博弈论教学,也适合对博弈论感兴趣的人阅读。书中主要介绍博弈论的基本概念、分析方法、完全信息静态博弈、完全信息动态博弈、重复博弈、非完全信息静态博弈以及联盟博弈等几大内容。每一章包括学习目标、主要内容、小结、关键术语以及习题,供学习者思考和练习。

图书在版编目(CIP)数据

经济博弈论基础教程 / 高彦彦编著. — 南京:东南大学出版社,2018.12
 ISBN 978 - 7 - 5641 - 8105 - 5

 I. ①经… Ⅱ. ①高… Ⅲ. ①博弈论-高等学校-教材 Ⅳ. ①O225

中国版本图书馆 CIP 数据核字(2018)第 261865 号

经济博弈论基础教程

编　著	高彦彦
责任编辑	陈　淑
编辑邮箱	535407650@qq.com
出版发行	东南大学出版社
出版人	江建中
社　址	南京市四牌楼 2 号(邮编:210096)
网　址	http://www.seupress.com
电子邮箱	press@seupress.com
印　刷	南京玉河印刷厂
开　本	700mm×1 000mm　1/16
印　张	9
字　数	150 千字
版印次	2018 年 12 月第 1 版　2018 年 12 月第 1 次印刷
书　号	ISBN 978 - 7 - 5641 - 8105 - 5
定　价	29.00 元
经　销	全国各地新华书店
发行热线	025 - 83790519　83791830

(本社图书若有印装质量问题,请直接与营销部联系,电话:025 - 83791830)

前言
Preface

　　现代博弈论起源于天才科学家冯·诺依曼与摩根斯坦 1944 年出版的著作《博弈论与经济行为》。经过 70 多年的发展和几代博弈论专家的共同努力，博弈论已经成为经济学最重要的基础课程之一，被广泛应用于产业组织、国际贸易、金融保险、婚姻就业、国际关系、政治经济、制度演化、历史分析等各个领域的社会经济研究中。鉴于博弈论的深远影响，瑞典皇家科学院先后 4 次把诺贝尔经济学奖授予了博弈论研究专家。如今，阅读和学习博弈论不仅是经济管理专业学生的必要训练，也成为社会各界人士开阔视野的时髦选择。

　　伴随着博弈论的热门，各种层次的博弈论教材充斥于书籍市场，再写一本博弈论教材似乎是有点多余了。我从 2013 年开始为东南大学经管学院金融系的本科生开设博弈论课程，几年教学之后便动了自己写一本教材的念头。主要原因有三点：首先，现有教材普遍偏厚，价格较贵，对初学者而言也有点难；其次，一些科普性质的博弈论读物尽管通俗易读，但错误不少，缺乏准确性；再次，翻译过来的国外教材固然很专业，但是又厚又贵，而且读起来总是有点费劲。本教材尝试做一些折中的贡献,在尽量保证准确的情况下保持简单,教材的厚度则适合于短学时(如 32 课时左右)的博弈论学习和教学。

全书共 6 章。第 1 章引入基本的概念,第 2 章介绍完全信息静态博弈,第 3 章和第 4 章分别介绍完全且完美信息动态博弈和完全非完美信息动态博弈,第 5 章介绍重复博弈,第 6 章介绍静态贝叶斯博弈。除了第 6 章涉及一些稍复杂的数学知识,其他部分内容仅需读者会求解一阶导数即可读懂每个知识点。当然,如果读者能有一些基本的经济学知识,且能完成每章的习题,他将能更好地掌握和理解本书所介绍的博弈论知识。对于学完本教材后还感觉意犹未尽的读者,可以进一步阅读其他的博弈论教材。因此,如果您只是想试学一下专业的博弈论知识,本书也许是一个不错的选择。

在教材的编写过程中,我广泛参阅了国内外线上线下的博弈论教材和资料,受益最深的当属吉本斯教授的《博弈论基础》、谢识予老师的《经济博弈论》,以及 Matthew O. Jackson, Kevin Leyton‐Brown 和 Yoav Shoham 三位教授在 Coursera 平台上开设的系列博弈论课程。在此,我对这些前辈们表示感谢。另外,我也非常感谢东南大学经管学院 2011—2015 届金融学和金融工程专业共 12 个班级的本科生。正是在与这些优秀学生的教学互动中,我逐步完善了本教材各章节的内容。在很大程度上,这本书是因他们而写。最后,感谢东南大学中央高校教育教学改革专项资金对本书的出版资助、经管学院张玉林副院长的长期支持和鼓励、吴广谋老师的点拨和指导,以及东南大学出版社陈淑女士出色的编辑工作。

当然,由于作者才识的局限,书中难免出现错误,欢迎读者们批评指正。任何问题和意见,请发送至:yanyan_gao@seu.edu.cn。

目 录
Contents

第3章　完全且完美信息动态博弈

第4章　完全非完美信息动态博弈

第5章　重复博弈

导论

1. 明确博弈论和博弈的基本概念。

2. 明确博弈的基本要素。

3. 掌握博弈的两种表述方式。

4. 了解博弈的分类。

本章介绍博弈论和博弈的基本概念,博弈的基本要素、两种表述方式及其主要分类。

1.1 博弈

现实生活中,人们经常面临着各种各样的选择问题。不同的选择往往会带来不同的结果。当然,如果结果仅由自己的行为所决定,选择将变得简单。例如,出门要不要带雨伞,迷路时选择向哪个方向走。事实上,作为社会中的一员,选择的结果不仅取决于自己的行为,也依赖于其他人的行为。例如,罚点球时,点球员能否射进球门,不仅取决于自己踢球的方向,也取决于守门员的防守方向选择。人与人之间的行为互动使选择变得复杂。不仅如此,人们的选择往往因为受其他人的影响而变得十分复杂。而博弈论正是研究个体以及各种组织在行为相互依赖时如何进行最优抉择的一门学科。

博弈论中经常谈及的一个经典故事是"囚徒困境"。设想警察抓到两个合伙盗窃的嫌犯,但没有直接的证据,只好把他们隔离审讯。警察对嫌犯说:"坦白从宽,抗拒从严。"具体而言,如果有一个嫌犯认罪,那么盗窃证据成立。认罪的嫌犯因有立功表现,将被立即释放。拒绝认罪的嫌犯将从严处置,坐牢一年。如果两个嫌犯都认罪,同样证据成立,两人将依法判处坐牢半年。如果他们都不认罪,那么,由于证据不足,警察不得不在监禁两个嫌犯一个月后将其释放。请问,两个嫌犯的最好选择是什么?

在这样一个并不完全虚拟的故事中,两个嫌犯面临着怎么选择自己最优行动的问题。显然,对于任何一个嫌犯,他有两种选择,"坦白"或者"抗拒"。但是,他到底选择哪个行动,取决于另一名嫌犯的选择,因为最终的结果由双方行动共同决定。

在具体分析嫌犯行动选择之前,我们先讲一下博弈论对人的行为的基本假设。与经济学对人的基本假设一致,博弈论中假设人是理性的。这意味着,每个人的目标都是最大化自己的收益,或者最小化自己的损失。在收益最大化或者损失最小化目标的引导下,每个人选择自己的行动。具体而言,给定其他条件,如果某个行动 A 给某人带来的收益超过另一个行动 B,那么,他没有理由不选择行动 A。我们称那些可以最大化其收益的行动为最优行动。对博弈主体的理性人假设为我们分析最优行动提供了一个最简单直接的标准。

那么,什么是博弈?对此并没有一个统一的定义。概括地讲,博弈是指理性人在一定的约束条件下从可选方案中选择最优行动并从中获得收益的过程。为了更清晰地分析人们在行动相互依赖下的抉择问题,我们将一个博弈"分割"为如下四项基本要素。

博弈的第一个要素是博弈方。博弈方,又称参与人,是指博弈的主体,参与博弈的人。在上述故事中,博弈方为两个嫌犯。当然,博弈论中的博弈方并不局限于个人。诸如企业和政府之类的社会组织以及国家都可以是博弈的主体。

博弈的第二个要素是策略。策略是可供每个博弈方进行选择的所有行动的组合,而行动则是策略的元素。如果把任一博弈方 i 的行动记为 a_i,其策略为 S_i,那么,$a_i \in S_i$。在上述故事中,两个嫌犯都有两个行动供其选择,"坦白"和"抗拒",这两个行动构成了他们各自的策略。因此,行动是策略的元素,博弈方所有的行动构成了其策略。

博弈的第三个要素是收益,即博弈各方在不同的行动组合下的所得。当然,博弈的收益不一定是金钱多少,也可以是效用水平。博弈各方在比较不同行动组合下的收益来选择自己的行动。因而,收益是行动进而是策略的函数。由于博弈一方的收益不仅仅取决于自己的行动,也取决于对方的行动,可以想象,博弈方在选择自己行动时会充分考虑对方的行动选择。在上述"囚徒困境"中,(坦白,抗拒)这样一对行动组合下的收益为 $(0, -12)$。

博弈的第四个要素是信息。信息是指博弈方在博弈过程中所知悉的知识,包括博弈的步骤、博弈各方的策略、不同行动组合下各自的收益。在一个博弈中,如果博弈各方对于不同行动组合下的收益是共同知识,那么该博弈是完全信息的。而共同知识则是指"所有博弈方知道的、所有博弈方知道所有博弈方知道的,且所有博弈方知道所有博弈方知道所有博弈方知道的……"知识。在囚徒困境中,两个嫌犯都知道不同行动组合下各自的收益,也知道对方知道这些收益信息,也知道对方知道对方知道这些收益信息,因而该博弈中关于各方不同行动组合之下的收益的知识为共同知识,该博弈为完全信息的博弈。在非完全信息博弈中,至少有一个博弈方不知道其他博弈方的收益。

1.2 简单博弈的描述方法

对于一个简单的双人博弈,我们可以采用收益矩阵的方式来描述一个博弈。这种表达方式又称为规范式(normal form)表述。如图1-1所示,通过一个矩阵,我们可以清楚地看到每个博弈方的行动和不同行动组合下的收益。我们把博弈方1的两个行动 a_{11} 和 a_{12} 写在左边,把博弈方2的两个行动 a_{21} 和 a_{22} 写在上边,其中,第1个下标表示博弈方,第2个下标表示不同的行动。然后,我们把两个博弈方在这些行动组合下的各自收益写在双方行动所对应的方框中,其中博弈方1的收益写在前面,博弈方2的收益写在后面。例如,$u_1(a_{11},a_{21})$ 是博弈方1选择 a_{11},博弈方2选择 a_{21} 时的博弈方1的收益。

		博弈方 2	
		a_{21}	a_{22}
博弈方 1	a_{11}	$u_1(a_{11},a_{21}),u_2(a_{11},a_{21})$	$u_1(a_{11},a_{22}),u_2(a_{11},a_{22})$
	a_{12}	$u_1(a_{12},a_{21}),u_2(a_{12},a_{21})$	$u_1(a_{12},a_{22}),u_2(a_{12},a_{22})$

图 1-1 双人双策略博弈的规范式表述

现在我们把前面所讲的囚徒困境用收益矩阵来表述。在这个博弈中,两个嫌犯的行动有两个:"坦白"和"抗拒";不同行动组合下各自的收益分别为:当嫌犯1选择"坦白",嫌犯2选择"坦白"时,嫌犯1的收益为-6,嫌犯2的收益为-6;当嫌犯1选择"坦白",嫌犯2选择"抗拒"时,嫌犯1的收益为0,嫌犯2的收益为-12;当嫌犯1选择"抗拒",嫌犯2选择"坦白"时,嫌犯1的收益为-12,嫌犯2的收益为0;当嫌犯1选择"抗拒",嫌犯2选择"抗拒"时,嫌犯1的收益为-1,嫌犯 2 的收益为 -1。因此,囚徒困境的规范式表述如图 1-2 所示。

		嫌犯 2	
		坦白	抗拒
嫌犯 1	坦白	$-6,-6$	$0,-12$
	抗拒	$-12,0$	$-1,-1$

图 1-2 囚徒困境的规范式表述

在规范式表述的博弈中,博弈双方同时采取行动。这种博弈各方同时采取行动的博弈,我们称之为静态博弈。如果一个博弈涉及行动的先后次序问题,我们则用扩展式(extensive form)表述来描述该博弈。存在行动先后次序的博弈即为动态博弈。如果囚徒困境中,博弈方 1 先采取行动,博弈方 2 后采取行动,那么该博弈便是一个动态博弈。此时,囚徒困境可以描述为图 1-3 所示的扩展式表述。

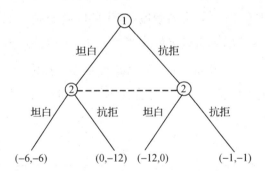

图 1-3 囚徒困境的扩展式表述

根据图 1-3 可知,先行动者嫌犯 1 有两个行动,"坦白"和"抗拒",后行动者嫌犯 2 在嫌犯 1 的不同选择之下分别有两个行动,"坦白"和"抗拒"。嫌犯 1 选择其行动的期间,即在嫌犯 1 开始选择行动的第 1 个节点开始至嫌犯 2 开始选择行动的第 2 个节点之前,为博弈的第 1 个阶段,而第 2 个节点之后则为博弈的第 2 个阶段。当两个嫌犯都选择其行动之后,便会产生一个收益。他们的每个行动组合都会产生一对收益,其中前面的收益为先行动者的收益,后面的收益为后行动者的收益。需要注意的是,在博弈的第 2 阶段,即嫌犯 2 开始选择其行动时,他并不知道嫌犯 1 在第 1 阶段的选择,因此,我们把第 2 阶段嫌犯 2 开始选择行动的两个节点用虚线连起来,用以刻画"嫌犯 2 在第 2 阶段并不知道第 1 阶段嫌犯 1 的行动选择"这一特征。如果没有这条虚线,则意味着后行动者采取行动时知道先行动者的选择。

我们再看一个例子。这个例子叫做"夫妻之争"。假设有一对夫妻,他们周末晚打算出去娱乐一下。有两个休闲项目可供他们选择,"球赛"和"歌剧"。丈夫更愿意去看"球赛",妻子更愿意看"歌剧"。另外,比起各玩各的,他们更愿意在一起共度良宵。在这个"故事"中,有两个博弈方,妻子和丈夫。他们有两个相同的行动可供选择,看"球赛"或者看"歌剧"。为了便于分析,假设一起去看球赛,妻子和丈夫的收益分别为 1 和 2;一起去看歌剧,两人的收益分别为 2 和 1;如果没有采取相同的行动,那么两人的收益均为 0。上述信息为共同知识,为夫妻双方所知,且双方知道对方知道这些信息。如果他们同时采取行动,那么,我们可以把该博弈表述为如图 1-4 所示收益矩阵。

		丈夫	
		球赛	歌剧
妻子	球赛	1,2	0,0
	歌剧	0,0	2,1

图 1-4 夫妻之争的规范式表述

如果妻子先采取行动,丈夫后采取行动,且丈夫不知道妻子的行动选择,那么,该博弈便是一个动态博弈,因而可以表述为图 1-5 所示扩展式博弈。

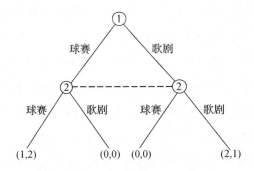

图 1-5 夫妻之争的扩展式表述

由于扩展式表述往往运用于动态博弈,而动态博弈又进一步涉及关于博弈步骤的信息问题,因此适用于静态博弈的规范式表述并不能直接转化为扩展式表述。在囚徒困境中,双方的同时行动意味着任一嫌犯不知道对方的策略选择,因而在用扩展式对其进行刻画时,需要把后行动者的节点用虚线连起来,以说明后行动者不知道先行动者的行动选择。在夫妻之争中,我们也面临着这样的问题。在学习本书的第3章之后,你会发现把规范式表述直接转换为扩展式表述会导致不同的博弈结果。

1.3 博弈的分类

按照不同的标准,我们可以把博弈分为不同的类型。

首先,按照博弈方的行动是否存在先后次序,博弈可以分为静态博弈和动态博弈。在一个博弈中,如果博弈各方同时采取行动,那么该博弈为静态博弈,如果博弈各方依次采取行动,那么该博弈为动态博弈。例如,"石头、剪刀、布"游戏为静态博弈,因为博弈双方同时给出行动选择,而下棋为动态博弈,博弈双方依次出棋。

其次,按照博弈是否重复进行,博弈可以分为一次性博弈和重复博弈。例如,在旅游景点购买纪念品是买卖双方的一次性博弈,而在小区门口的店里购物则为重复博弈。又如,传统农村社会里人与人之间的关系为重复博弈。相对于一次性博弈,重复博弈中博弈方对长期利益的关注往往会改变博弈方在一次性博弈中的短期行为。

第三,按照博弈各方采取不同行动下的收益状况,我们可以把博弈分为零和博弈、常和博弈以及变和博弈。所谓零和博弈,是指博弈双方的收益之和为 0。这种博弈的特征为"你得即我失,你失即我得"。例如,猜硬币游戏便是零和博弈,猜中一方的收益,即盖硬币一方的损失;猜错一方的损失,即盖硬币一方的收益。各种赌博活动都是零和博弈。常和博弈,顾名思义,即该博弈中每组行动组合之下博弈各方的收益之和相同。例如,双人分钱即为常和博弈。不难看出,零和博弈是常和博弈的一种特殊形式。变和博弈为博弈双方不同行动组合下的收益之和不同。例如,夫妻之争中,不同行动组合之下夫妻双方的收益之和不同。我们可以进一步借助图 1-6 来区分这三个概念。又如,囚徒困境也是变和博弈。在图 1-6 中,如果 $a+b=c+d=e+f=h+i=k$,其中 k 为某个常数,那么,该博弈为常和博弈;当 $k=0$ 时,该博弈为零和博弈;否则为变和博弈。

		博弈方 2	
		L	R
博弈方 1	U	a,b	c,d
	D	e,f	h,i

图 1-6

第四,按照博弈双方对信息的获悉状况,我们可以把博弈分为完全信息博弈、非完全信息博弈、完美信息博弈和非完美信息博弈。完全信息是指博弈各方对于不同行动组合下的各方收益的信息为共同知识,而非完全信息则是指至少有一方对于某些行动组合下的各方收益缺乏信息,因而完全和非完全信息是关于博弈收益的信息。完美信息是指后行动者采取行动时知道先行动者的行动选择,而非完美信息则是指后行动者并不知道先行动者的行动选择。由于完美和非完美信息是关于博弈次序的信息,它们反映了动态博弈中博弈各方的信息条件。在图1-2刻画的囚徒困境中,由于嫌犯同时采取行动,且对于各方的行动选择以及各自收益为共同知识,因而该博弈为完全且完美信息静态博弈。而在图1-3刻画的博弈中,由于博弈存在先后次序,博弈各方知道不同行动组合之下各自的收益,但是轮到后行动者博弈方2行动时,他并不知道先行动者博弈方1的行动选择,该博弈为完全非完美信息动态博弈。博弈中博弈方的最优行动选择因受信息条件制约而变化。

第五,按照博弈方的数量,博弈可以分为单人博弈、双人博弈和多人博弈。例如,出门时选择是否要带雨伞为单人博弈,囚徒困境为双人博弈,而多个城市争夺奥运会举办权、多家房地产企业对同一块建设用地进行竞标为多人博弈。

▶▶▶■本章小结

1. 日常生活中,人们的行为决策相互影响,博弈论正是研究个体或者组织在其行为相互依赖时如何进行最优抉择的一门学科。其中,理性人假设是博弈论研究的基本逻辑起点。

2. 博弈是指理性人在一定的约束条件下从可选方案中选择最优行动并从中获得收益的过程。博弈的四项基本要素是:博弈方、策略、收益和信息。

3. 一个简单的双人博弈可以采取两种方式进行表述,一种是规范式表述,主要用于静态博弈分析;另一种是扩展式表述,用于动态博弈分析。

4. 按照不同的标准,博弈可以分为不同的类型。按照博弈方的行动是否存在先后次序,博弈可以分为静态博弈和动态博弈;按照博弈是否重复进行,博弈可以分为一次性博弈和重复博弈;按照博弈各方采取不同行动下的收益状况,博弈可以分为零和博弈、常和博弈和变和博弈;按照博弈双方对信息的获悉状况,博弈可以分为完全信息博弈、非完全信息博弈、完美信息博弈和非完美信息博弈。

▶▶▶ **术 语**

博弈　博弈方　策略　共同知识　静态博弈　动态博弈　完全信息　完美信息　零和博弈　常和博弈　变和博弈

▶▶▶ **习 题**

1. 简述博弈的基本要素。

2. 小张和小李玩猜硬币的游戏。小张先盖住一枚硬币,小李猜硬币是正面朝上还是反面朝上。如果小李猜对了,小李从小张那里赢得一元钱,如果猜错了,小李输给小张一元钱。请回答以下问题:

(1) 小李和小张的策略有哪些?

(2) 写出不同策略组合下小张和小李的收益。

(3) 将其表述为规范式博弈。

(4) 将其表述为扩展式博弈。

3. 战国时期齐威王和田忌赛马。比赛分三局,采取三局两胜制。他们各自选自己的上等马、中等马和下等马各一匹。每次派一匹马参赛。每匹马只能参加一次比赛。他们都知道,同等级的马,齐威王的马比田忌的马要跑得快。但是,田忌的优等马要比齐威王的中等马跑

得快,他的中等马比齐威王的下等马跑得快。比赛的获胜者将赢得良田一万亩。请回答:

(1) 齐威王和田忌的策略有哪些?

(2) 写出不同策略组合下各自的收益。

(3) 将赛马表述为规范式表述。

4. 考虑如下规范式博弈:

		参与人2	
		左	右
参与人1	上	a,b	c,d
	下	e,f	g,h

请回答:

(1) 如果该博弈是零和博弈,意味着什么?

(2) 如果该博弈是零和博弈,且 $a=1$,那么,b 为多少?

(3) 如果该博弈是常和博弈,且 $a+b=10$,$c=2$,那么,d 为多少? $g+h$ 等于多少?

(4) 如果该博弈是变和博弈,那么意味着什么?

5. 考虑图 1-2 所示囚徒困境。请问:

(1) 如果嫌犯1选坦白,嫌犯2的最优反应是什么?

(2) 如果嫌犯1选抗拒,嫌犯2的最优反应又是什么?

(3) 结合(1)和(2),你可以得出什么结论?

(4) 同样,给定嫌犯2的不同策略选择,分析嫌犯1的最优反应,你会得出什么结论?

(5) 两嫌犯最优反应构成的策略组合给双方带来的收益是最高的吗? 说明什么问题?

第**2**章

完全信息静态博弈

1. 理解纳什均衡的含义。
2. 掌握求解博弈纳什均衡的方法。
3. 理解上策均衡、反复剔除严格劣均衡以及纳什均衡之间的关系。
4. 掌握求解混合策略纳什均衡的方法。
5. 理解纯策略和混合策略之间的关系及其反应函数。

学/习/目/标

　　策略相互依赖的经济主体如何进行理性决策？单个主体从自己的理性出发能否实现集体的最优？本章介绍理性博弈方在同时采取行动且完全了解博弈收益时的最优策略行为。

2.1　纯策略纳什均衡

2.1.1　纳什均衡

　　在一个博弈中,如果某个策略组合由博弈各方的最优策略构成,那么,该策略组合为该博弈的纳什均衡。由于博弈任何一方的收益取决于自己以及其他各方的策略选择,因此,能够成为纳什均衡的最优策略组合意味着,给定该策略组合下的其他方策略,某一方愿意保持该策略组合下自己的策略不变,而且,对于任一博弈方而言,均如此。

纳什均衡之所以被称为均衡,是因为在这种策略组合之下,没有任何一方愿意单独偏离自己的策略,因而具有很强的稳定性。博弈双方都不愿意改变当前的策略,形成一种"静止"的状态,因而构成了类似于物理学中的"均衡"。1994 年诺贝尔经济学奖得主约翰·纳什证明了有限博弈中均衡策略组合的存在,因而博弈论中的均衡被称作"纳什均衡"。

对于简单的完全且完美信息静态博弈,我们可以利用纳什均衡的定义寻找该博弈的纳什均衡。该方法的基本思路是:首先,给定一方策略选择,在另一方不同策略中选择给其带来收益最高的策略;其次,给定另一方的最优策略,反过来比较对方的策略是否也是最优的;再次,如果该策略组合对双方而言都是在给定对方策略之下的最优反应,那么它是该博弈的纳什均衡,否则,继续检验其他策略组合。

考虑我们在第 1 章提到的"囚徒困境"。假定嫌犯 1 选择"坦白",嫌犯 2 的最优反应是选择"坦白",因此,选择"坦白"获刑半年,而选择"抗拒"则获刑 1 年。(坦白,坦白)这对策略组合要构成纳什均衡,还需要使嫌犯 1 在给定嫌犯 2 选择"坦白"时保持选择"坦白"不变。那么,是不是这样呢?显然,给定嫌犯 2 选择"坦白",嫌犯 1 愿意保持选择"坦白"不变。因此,(坦白,坦白)构成了"囚徒困境"博弈的纳什均衡。

由于可能存在多个纳什均衡,我们还需要检验囚徒困境中是否存在其他纳什均衡。假定嫌犯 1 选择"抗拒",此时嫌犯 2 的最优反应是选择"坦白",因为,选择"坦白"的收益更高($0 > -1$)。但是(抗拒,坦白)不是纳什均衡,因为给定嫌犯 2 选择"坦白",嫌犯 1 不会保持选择"抗拒"不变,而是转而选择收益更高的"坦白"。类似地,通过检验,我们可以得知(抗拒,抗拒)也不是纳什均衡。

因此,在"囚徒困境"中,仅有(坦白,坦白)是纳什均衡,两个嫌犯的收益均为－6。但是,通过比较可知,如果博弈双方选择(抗拒,抗拒),那么他们的收益会更好,均为－1。尽管如此,它们并不是纳什均衡:给定一方选择"抗拒",另一方最优反应是选择"坦白"。正是因为两个嫌犯从自己的私利出发选择最优的行动,结果反而并不是最优的,两个嫌犯之间的博弈被称为"囚徒困境"。

类似地,我们也可以根据纳什均衡的定义去求解夫妻之争的纳什均衡。不难得到,夫妻之争有两个纳什均衡,即(歌剧,歌剧)和(球赛,球赛)。

对于两人各自两个策略的博弈,我们很容易根据纳什均衡的定义去寻找纳什均衡。但是,对于多人更多策略的博弈,我们根据纳什均衡的定义去寻找纳什均衡则会有点费事。此时,我们可以采用寻找上策均衡和反复剔除严格劣策略的方法来简化博弈,进而求解纳什均衡。

2.1.2 上策均衡

上策又称占优策略。在一个博弈中,不管其他博弈方采取何种策略,如果某一策略给某博弈方带来的收益总是超过他的其他所有策略,那么,该策略为该博弈方的上策。显然,上策总是会被博弈方所选。如果某个策略组合由上策构成,那么,该策略组合中的策略都是各自最优的策略,因而必然是该博弈的纳什均衡。在"囚徒困境"中,"坦白"对于两个嫌犯而言都是上策,因为,不管对方选择何种策略,这两个嫌犯选择"坦白"的收益分别为－6 和 0,总是超过选"抗拒"的收益———－12 和－6。因此,(坦白,坦白)是上策均衡,因而也是纳什均衡。

在夫妻之争中,由于妻子选择哪个策略更好,取决于丈夫的策略选择,因而,妻子的两个策略,歌剧和球赛,并没有哪个策略是上策。具体而言,当丈夫选择"歌剧"时,妻子选择"歌剧"的收益比选择"球赛"多;当丈夫选择"球赛"时,妻子选择"球赛"的收益比选择"歌剧"多。这对于丈夫而言,也是如此。因此,夫妻之争并不存在上策均衡,但是存在两个纳什均衡。

根据上面的分析,我们可以得出一个基本的推论:上策均衡一定是纳什均衡,但是纳什均衡并不一定是上策均衡。另外,根据上策的定义可知,如果上策均衡存在,那么该博弈仅存在唯一的纳什均衡,即该上策均衡。

2.1.3 反复剔除严格劣策略

由于上策以及上策均衡并不总是存在,我们进一步可以采取反复剔除严格劣策略的方法来简化博弈。

什么叫严格劣策略? 在一个博弈中,给定其他博弈方的任何策略,如果某个策略 s_i 给某个博弈方带来的收益总是小于另一个策略 s_j 给其带来的收益,那么该策略相对于策略 s_j 是严格劣策略。显然,理性的博弈方不会选择严格劣策略,因而严格劣策略可以被剔除掉。反复剔除严格劣策略的方法,顾名思义,是指不断剔除严格劣策略的方法,即如果一个博弈中对于某一博弈方存在严格劣策略,我们将其剔除,然后在剩余的博弈中继续寻找严格劣策略,直至简化的博弈中不存在严格劣策略为止。

以"囚徒困境"为例。显然,该博弈中"抗拒"对于嫌犯 1 而言是严格劣策略。我们可以将其剔除掉,于是,"囚徒困境"这一博弈可以简化为如图 2-1 所示博弈。在该简化博弈中,我们又可以看出"抗拒"是嫌犯 2 的严格劣策略,因而可以将其也剔除,结果只剩下(坦白,坦白)这对策略组合。根据前文的分析可知,该策略组合正是"囚徒困境"的纳什均衡。当然,对于囚徒困境,我们也可以先剔除嫌犯 2 的严格劣策略,最终剩下的策略组合也是(坦白,坦白)。

		嫌犯 2	
		坦白	抗拒
嫌犯 1	坦白	$-6,-6$	$0,-12$

图 2-1　剔除嫌犯 1 的严格劣策略后的"囚徒困境"

类似于上策,严格劣策略并不存在于所有的博弈中。例如,在夫妻之争中,对于夫妻双方而言都没有严格劣策略。因此,该博弈并不能采用反复剔除严格劣策略的方法进行简化。另外,还有一些博弈中,尽管存在严格劣策略,但是,反复剔除严格劣策略的方法得到的结果存在多个策略组合。考虑图 2-2 所示两人每个人三个策略的博弈。其中,博弈方 1 有三个策略,u,m,d;博弈方 2 有三个策略,L,M,R。可以看出,对于博弈方 1 而言,u 是其相对于 m 的严格劣策略。因此,该策略可以剔除掉。在剩下的博弈中,我们可以看出,M 是博弈方 2 相对于 L 的严格劣策略,因而 M 亦可以剔除掉。因此,图 2-2 可以简化为图 2-3 所示博弈。从中可以找到三个纳什均衡(m,L)、(d,L) 和 (d,R)。可以检验,这三个纳什均衡也是图 2-2 所示博弈的纳什均衡。

		博弈方 2		
		L	M	R
博弈方 1	u	1,2	1,0	2,3
	m	2,3	2,2	4,2
	d	2,5	1,4	6,5

图 2-2

		博弈方2	
		L	R
博弈方1	m	2,3	4,2
	d	2,5	6,5

图 2-3 由图 2-2 反复剔除严格劣策略后的博弈

反复剔除严格劣策略方法和纳什均衡之间的关系是:反复剔除严格劣策略的方法不会剔除纳什均衡。

与严格劣策略相似的一个概念是弱劣策略。在一个博弈中,如果某个博弈方的某个策略 s_i 给其带来的收益不好于另一个策略 s_j,那么 s_i 为该博弈方相对于 s_j 的弱劣策略。博弈方采取弱劣策略 s_i 的收益必须部分小于且部分等于另外一个策略 s_j 的收益。

那么,一个自然而然的问题是,我们是否可以像反复剔除严格劣策略那样通过反复剔除弱劣策略来简化博弈? 不能! 因为反复剔除弱劣策略会导致纳什均衡被剔除。同样以图 2-2 所示博弈为例,在剔除博弈方 1 的严格劣策略 u 之后,如果可以剔除弱劣策略,意味着博弈方 2 的弱劣策略 R 也将被剔除,而根据图 2-3 可知,(d,R) 也是该博弈的纳什均衡。因而,剔除弱劣策略剔除了部分纳什均衡。

不仅如此,反复剔除弱劣策略的次序不一样也会导致被剔除掉的纳什均衡不同。考虑图 2-4 所示博弈,该博弈的纳什均衡为 (u,L) 和 (u,R)。该博弈中 d 是博弈方 1 相对于 u 的弱劣策略,而 R 是博弈方 2 相对于 L 的弱劣策略。如果先剔除博弈方 1 的弱劣策略 d,我们将不会剔除纳什均衡,而如果先剔除博弈方 2 的弱劣策略 R,那么纳什均衡 (u,R) 将被剔除,再剔除博弈方 1 的严格劣策略 d,结果仅剩一个纳什均衡 (u,L)。

		博弈方 2	
		L	*R*
博弈方 1	*u*	2，1	2，1
	d	1，5	2，1

图 2 - 4

2.1.4　帕累托最优结果

在经济学原理中，帕累托最优是指资源配置的状态已经达到除非损害一些人的利益才能使另外一些人状况得以改善。如果可以在不伤害任何一方利益的情况下使某些人状况变好，我们称之为帕累托改进。帕累托最优的概念也可以用于博弈论中。在一个博弈中，如果某个结果 o 给博弈方带来的收益不比另一个结果 o' 少，而且对于某些博弈方而言 o 给其带来的收益比 o' 多，那么，我们说结果 o 帕累托占优结果 o'。在一个博弈中，如果某个结果不被另一个结果帕累托占优，那么，该结果为帕累托最优结果。

我们继续以囚徒困境为例。在该博弈中，(坦白、坦白)这对策略组合下的收益为(−6，−6)，对于双方而言均低于(抗拒、抗拒)这对策略组合的收益(−1，−1)，因而，(抗拒，抗拒)下的收益(−1，−1)帕累托占优另一结果(−6，−6)。根据帕累托最优结果的定义，(坦白，坦白)下的收益结果不是帕累托最优结果。而对于囚徒困境中的其他结果，(−1，−1)、(0，−12)和(−12，0)，它们并没有被其他结果帕累托占优，因而都是帕累托最优结果。因此，在囚徒困境中，唯一的纳什均衡，也是上策均衡，其收益组合竟然不是帕累托最优结果。这被称作"囚徒困境悖论"。类似地，在夫妻之争中，我们可以发现，(歌剧，歌剧)和(球赛，球赛)下的收益是帕累托最优结果，而(歌剧，球赛)或者

(球赛,歌剧)下的收益因被(歌剧,歌剧)和(球赛,球赛)帕累托占优而不是帕累托最优结果。而在另一个博弈——"猜硬币"中,任何一个结果都不被其他结果帕累托占优,因而它们都是帕累托最优结果。

2.2 应用举例

2.2.1 凯恩斯选美竞赛

经济学家凯恩斯在其巨著《就业、利息和货币通论》的第 12 章中讲到一个虚拟的竞赛。假设一家报纸举办一次照片选美比赛。参加投票的人从 100 张美女照片选出最美的一张。选择结果与得票数前 6 的美女照片一致的投票者将获得一份奖励。试问,如果你是投票者,你应该进行如何投票才更可能获奖?

显然,你可以把票投给自己认为最美的美女照片。但是,这个策略并不高明。因为,如果你想获奖,你必须与大家保持一致。因此,一个更好的策略是把票投给自己认为其他人认为最美的照片。但是,你认为其他人认为最美的照片可能并非真正是其他人认为最美的照片。因此,更好的策略是选其他人认为其他人认为最美的照片。

凯恩斯选美竞赛可以采用如下博弈进行刻画,即假设 n 个博弈方参与博弈,每个博弈方写出一个 1～100 之间的整数,获奖者为写出的整数最接近所有博弈方所写整数均值三分之二的博弈方。任意博弈方想要获奖,在写数的时候需要考虑如下问题:(1) 其他博弈方将如何写数;(2) 他应该如何对此做出反应。当每个博弈方的行动是对其他参与者行动的最优反应时,这些行动组合便构成了该博弈的纳什均衡。

对于该博弈,我们可以这样分析。由于每个人所写整数不超过

100,那么,均值不会超过 100。给定其他博弈方选 100,博弈方 i 的最优反应是写最接近 $100×2/3$ 的整数,67。问题是,其他博弈方也会像博弈方 i 一样推理。如果这样,那么均值为 67,而非原来的 100。给定新的均值,博弈方 i 需要修正自己的报数为最接近 $67×2/3$ 的整数,45。但是,其他博弈方也会这样推理。此时,博弈方 i 将其报数进一步调低至 30。如此反复推理的结果是,每个博弈方报数为 1,从而构成了该博弈的纳什均衡。

那么,现实中人们会怎么选择报数呢?我在东南大学经管学院的金融学(60 人)和金融工程(18 人)专业博弈论课堂上分别进行两次该博弈实验。结果发现,第一次博弈两个专业同学报数均值为 23.3 和 24.76;接下来的第二次博弈的报数均值分别为 12.69 和 14。这个结果说明同学们在报数时的确会进行推理,但是推理过程并非像上文所述。许多同学会估一个均值,比如 50,然后在此基础上乘以 2/3。极个别同学则报数为 1。但是,这并不足以让其获奖,因为这种报数忽视了一个事实,即其他同学往往不会那么反反复复地进行理性计算。如果意识到这一点,报数为 1 的同学应该报一个稍大一些的数,比如 10,才更有可能获胜。值得庆幸的是,随着博弈的重复,同学们报数的均值缩小了。这说明随着大家对博弈规则和此前报数情况的了解,不断降低自己的报数,从而使结果不断向理论上的纳什均衡靠近。

选美竞赛博弈的结果并不重要,现实中个体的有限理性限制了理论结果的出现。重要的是它传递了一个重要的理念,即在个体行为相互依赖的情况下,理性决策必须充分考虑对方的可能行为,并根据对方的行为做出最优的反应。这些最优行动构成的策略组合便是纳什均衡。尽管纳什均衡不会在一次性博弈中出现,但是,随着博弈方对博弈规则的不断熟悉和不断学习,博弈各方行动会朝着纳什均衡预测的方向移动。

2.2.2 古诺模型

古诺模型由法国经济学家古诺在 1838 年提出。假设市场上只有两家生产相同产品的企业,企业 1 和企业 2。它们的边际成本为 2,即每生产一个单位的产出需要 2 个单位的成本。企业 1 和企业 2 的产量分别为 q_1 和 q_2。产品的需求函数为 $P(Q)=8-Q$,而 $Q=q_1+q_2$。现在两家企业进行竞争,选择最优的产出水平。在该博弈中,博弈方为两家企业,策略为产出水平。由于企业同时采取行动,该博弈为静态博弈。根据微观经济学的知识可知,企业的目标是最大化利润。因此,企业 1 和企业 2 分别选择一个最优的产出水平 q_1^* 和 q_2^* 来最大化自己的利润。由于市场上产品的价格由两家企业的产出共同决定,每家企业的利润最大化行为实际上已经考虑到对方的产出水平。由于我们知道两家企业在各自不同产出水平下的利润,因此,该博弈为完全信息博弈。对于两家企业中的任意一家企业 $i,i=1,2$,最大化如下利润函数:

$$\pi_i = P(Q)q_i - 2q_i,$$
$$\text{其中},Q=q_i+q_j \tag{2-1}$$

由式(2-1)对 q_i 求一阶偏导,并让其等于 0,可以得到:

$$q_i=(6-q_j)/2 \tag{2-2}$$

由于两家企业完全相同,这意味着 $q_i=q_j$,代入式(2-2)可以得到:$q_1^*=q_2^*=2$。该最优的产出水平即为两企业进行产量博弈的纳什均衡。将其代入需求函数,可以计算出市场上产品的销售价格为 4,进一步代入式(2-1)可得两企业的利润为 4。

式(2-2)也被称为反应函数,即针对企业 j 的任何一个产出水平,企业 i 的最优产出水平。我们可以把企业 i 的反应函数画在坐标轴上,如图 2-5 所示。类似地,我们也可以在坐标轴上画出企业 j 的反应函数。两家企业反应函数的交点即为纳什均衡下的最优产出水平(2,2)。

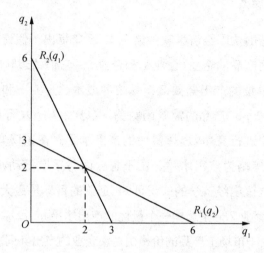

图 2－5 古诺模型的反应函数

那么,两家"各自为政"的企业有没有可能形成一个诸如卡特尔之类的企业联盟,在两者之间分配产量,从而实现更高的利润水平呢?假设两家企业形成联盟,这意味着它们像一家垄断企业那样决定最优产量水平。此时,企业联盟最大化如下利润函数:

$$\pi_m = P(Q)Q - 2Q \tag{2-3}$$

把需求函数代入式(2-3),并对 Q 求一阶偏导,让其等于 0,可以得到 $Q^* = 3$。然后,企业 1 和企业 2 各自生产垄断产出的一半,即 $q_1^* = q_2^* = 1.5$。此时,产品的市场价格为 5,两家企业各自获得垄断利润的一半,即 4.5。显然,两家企业结成联盟,尽管生产更低的产出,但是可以获得更高的利润。

一个自然而然的问题是,这样的卡特尔是否可以维系?换言之,给定一方遵守联盟约定生产垄断产出的一半,另一方是否有激励去偏离该产出水平?回答该问题的关键在于,企业单方面偏离垄断产出的利润是否会超过遵守盟约生产垄断产出一半时的利润？给定企业 1 生产垄断产出的一半，即 1.5 单位的产出，企业 2 如果偏离该产出水平，意味着它最大化如下利润函数：

$$\pi_2^d = P(Q)q_2^d - 2q_2^d \qquad (2-4)$$

其中，$Q=1.5+q_2^d$，连同需求函数代入式(2-4)，对 q_2^d 求一阶偏导，并令其等于 0，可以得到 $q_2^d=2.25$。此时，企业 2 偏离合作的利润为 5.06，而企业 1 的利润为 3.375。显然，企业 2 偏离垄断产出一半可以获得更多的利润。因此，给定企业 1 生产垄断产出的一半，企业 2 总有偏离盟约的激励去生产更多的产出，其代价是损害企业 1 的利润。由于企业 1 也和企业 2 一样，可以分析企业 2 的行为，企业 1 也不愿意遵守盟约，因而，所谓的企业联盟不攻自破。

上述不同情况下的企业产量博弈可以进一步写成图 2-6 所示的静态博弈。合作即为企业生产垄断产出的一半，偏离合作则为企业在给定对方产出的条件下最大化自己利润时的产出。不难发现，企业之间的产量博弈好比囚徒困境，尽管构成企业联盟各自生产垄断产出的一半有助于获得更高的利润，但是，它并不是该博弈的纳什均衡。对于任意一家企业而言，选择偏离合作是其上策，最终企业双方进行古诺博弈，各自在最大化自己利润的原则下选择较大的产出水平，从而获得较低的利润。因此，(偏离合作，偏离合作)是双寡头企业产量博弈的唯一纳什均衡。

		企业 2	
		合作	偏离合作
企业 1	合作	4.5,4.5	3.375,5.06
	偏离合作	5.06,3.375	4,4

图 2-6 企业联盟的稳定性分析

2.2.3 伯川德模型

与古诺模型齐名的另一个双寡头垄断模型是伯川德模型。该模型与古诺模型不同的是它假定企业进行价格竞争。伯川德模型同样假设两家企业生产完全相同的产品,生产每一单位产出的边际成本不变,为常数 c。在价格竞争的情况下,由于产品完全相同,出价更高的企业将会完全失去市场。因此,企业在选择自己的产品价格时,必须考虑到对方的出价。伯川德模型下,给定市场容量 Q,企业 i 的利润函数可以写成如下形式:

$$\pi_i = \begin{cases} (p_i - c)Q, & \text{如果 } p_i < p_j; \\ \dfrac{(p_i - c)Q}{2}, & \text{如果 } p_i = p_j; \\ 0, & \text{如果 } p_i > p_j。 \end{cases}$$

其中,j 表示其他企业。在两家企业的情况下,$i=1$,那么 $j=2$;$i=2$,则 $j=1$。上式表明,如果企业 i 的价格高于其他企业,它将完全丧失市场;当其价格与其他企业相同,则会与其他企业均分市场;当其价格低于对方企业,将获得全部市场。那么,在上述设定之下,企业如何选择自己的产品价格? 首先,显然,企业不会将自己的价格设定得比对方高,否则它将完全失去市场;其次,企业会不会维持在与对方相同得价格水平? 不会! 因为,给定对方选择某个价格水平 p',企业只要把价格稍稍降低,便可获得全部市场。但是,对方也会认识到这一点,因而会继续降低其产品售价。可以想象,最终的结果是令人沮丧的,两家企业均将其价格设定在边际成本,即 $p_i = p_j = c$,各自获得的利润为 0。因此,这里的分析也类似于囚徒困境,尽管任何一个高于边际成本的高价联盟可以获得一个为正的利润,但是,给定一方遵守高价盟约,另一方存在巨大的偏离高价的激励,结果使等同于边际成本的价格水平称为伯川德模型下的纳什均衡。

然而,现实中寡头企业往往可以获得一个正的利润。对此,我们可以通过改变上述模型中企业生产相同产品的假设进行分析。假设两家企业生产可替代但是存在差异的产品。此时它们对各自的产品具有一定的定价权,价格高于对方会降低消费者对自己产品的需求,但是不会因此而完全丧失市场。假设企业 i 所面临的需求曲线为:

$$q_i = 8 - p_i + 0.5p_j, \text{其中} i=1,2, j=1,2, \text{且} i \neq j \qquad (2-5)$$

假设企业 i 的边际成本为 2,保持不变。企业 i 选择一个最优的价格水平来最大化其如下利润函数:

$$\pi_i = p_i q_i - 2q_i \qquad (2-6)$$

把式(2-5)代入式(2-6),并让其对 p_i 求一阶导数,让其等于 0,可以得到:

$$p_i = p_j = 20/3$$

此时,$q_i = 14/3$,$\pi_i = (14/3)^2$。

因此,寡头的差异化生产可以给其带来巨大的定价权和丰厚的利润,产生与寡头企业同质化生产截然不同的结果。

2.3 混合策略纳什均衡

2.3.1 混合策略

现在让我们考虑一下猜硬币游戏。该博弈存在两方,盖硬币方和猜硬币方。盖硬币方的策略有两个,盖正面和盖反面,猜硬币方的策略也有两个,猜正面和猜反面。如果猜硬币方猜中盖硬币方是盖正还是盖反,那么,他/她可以赢钱,而盖硬币方则输钱。否则,猜硬币方输钱,盖硬币方赢钱。猜硬币游戏可以表述为如图2-7所示收益矩阵。

		猜硬币方	
		正面	反面
盖硬币方	正面	−1,1	1,−1
	反面	1,−1	−1,1

图 2-7　猜硬币游戏

那么,这个博弈的纳什均衡是什么? 读者可以采取前面介绍的方法试试。结果发现我们总是无法找到一对稳定的策略组合,给定任何一方的当前策略,另一方的最优策略是保持当前策略不变。对于盖硬币的一方,如果对方猜正,那么他的策略是盖反;如果对方猜反,那么他的策略是盖正。而对于猜硬币的一方而言,如果对方盖正,他的策略是猜正,如果对方盖反,他的策略是猜反。因此,我们无法在猜硬币游戏中得到像囚徒困境或者夫妻之争那样稳定的策略组合,即双方确定会选择某个或者某些策略组合,如囚徒困境中的(坦白,坦白)、夫妻之争中的(歌剧,歌剧)和(球赛,球赛)。

为了分析诸如猜硬币游戏之类的零和博弈,博弈论引入了混合策略的概念。所谓混合策略是指博弈方选择不同策略的概率分布。在一个博弈中,博弈方各个策略本身即为纯策略,而在混合策略下博弈方以各种概率选择不同策略。对于采取混合策略的每个博弈方而言,他选择不同策略的概率之和总是等于1。我们可以看出,当博弈方选择某个策略的概率为1,而选择其他策略的概率为0时,概率为1的策略即为纯策略。因此,纯策略是混合策略的一个特例,即博弈方以概率1选择某个策略,而非采取小于1的概率选择不同策略。

在猜硬币游戏中,对于任何一方而言,都在采取混合策略。换言之,任何一方都不会固定地采取某个策略,而是以一个0和1之间的概率在正、反面之间进行选择。问题是,猜硬币游戏中的各方如何选择一个最优的混合策略？这就是我们接下来要讲的混合策略纳什均衡。

2.3.2 混合策略纳什均衡

一般而言,我们可以采取两种方法来求解混合策略纳什均衡。第一种方法是在给定各方混合策略的情况下各方最大化自己的期望收益;第二种方法则采用如下原则来计算各方最优混合策略,即任一博弈方的最优混合策略必须使对方选择不同策略的期望收益相等。下面我们借助猜硬币游戏来理解上述两种方法。

假定盖硬币一方的混合策略为$(r,1-r)$,猜硬币一方的混合策略为$(q,1-q)$,其中,$r\in[0,1],q\in[0,1]$。如图 2-8 所示,r 和 q 分别为盖硬币方和猜硬币方选择正面的概率。

		猜硬币方	
		正面(q)	反面($1-q$)
盖硬币方	正面(r)	$-1,1$	$1,-1$
	反面($1-r$)	$1,-1$	$-1,1$

图 2-8 混合策略下的猜硬币游戏

采取第一种方法时,我们先写出博弈双方的期望收益。对于盖硬币一方,其期望收益为:

$$ER_1(r,q)=r\times[q\times(-1)+(1-q)\times1]+(1-r)[q\times1+(1-q)\times(-1)]$$

$$(2-7)$$

由 ER_1 对 r 求一阶偏导,并让其等于 0,可以得到:

$$q=1/2 \qquad (2-8)$$

类似地,我们可以写出猜硬币方的期望收益为:

$$ER_2(r,q)=q\times[r\times1+(1-r)\times(-1)]+(1-q)[r\times(-1)+(1-r)\times1]$$

$$(2-9)$$

由 ER_2 对 q 求一阶偏导,并让其等于 0,可以得到:

$$r=1/2 \qquad (2-10)$$

因此,对于猜硬币游戏的博弈双方而言,最优混合策略为各自分别以一半的概率选择正面和反面。$(1/2,1/2;1/2,1/2)$构成了猜硬币游戏的混合策略纳什均衡。

在第二种方法下,盖硬币方的最优混合策略$(r,1-r)$必须使猜硬币方选择正面和反面的期望收益相等,即:

$$ER_2(正面)=ER_2(反面)$$

即:

$$r\times1+(1-r)\times(-1)=r\times(-1)+(1-r)\times1$$

解得 $r=1/2$。

类似地,猜硬币方的混合策略$(q,1-q)$必须使盖硬币方选择盖正面和盖反面的期望收益相等,即:

$$ER_1(正面)=ER_1(反面)$$

即:

$$q\times(-1)+(1-q)\times1=q\times1+(1-q)\times(-1)$$

解得 $q=1/2$。

因此,猜硬币游戏的混合策略纳什均衡是$(1/2,1/2;1/2,1/2)$。两种方法得到的结果是一致的。

为什么任何博弈方的最优混合策略是使对方选择不同策略的期望收益相等?换言之,为什么说使对方选择不同策略的期望收益相当的混合策略组合为纳什均衡?对此,我们可以反过来分析。在猜硬币游戏中,假设猜硬币方的混合策略不使盖硬币方的盖正面和盖反面的期望收益相当,比如猜硬币方选择一个小于 1/2 的 q,从而使ER_1(正面)$>ER_1$(反面),那么盖硬币方的最优反应是选择盖正面,即$r=1$,因为盖正面期望收益更高。可以看出,此时猜硬币方的收益为$q\times1+(1-q)\times(-1)$。由于 q 小于 1/2,该收益小于 0。因此,猜硬币方的混合策略如果不使盖硬币方采取不同策略的期望收益相等,他将获得一个负的收益,因而不使对方采取不同策略的期望收益相等的混合策略不是最优的混合策略。同理,我们可以说明盖硬币方的最优混合策略也应使猜硬币方选择不同策略的期望收益相等。

实际上,混合策略及其纳什均衡不仅仅存在于零和博弈中。在存在多重纯策略纳什均衡的博弈中也存在一个混合策略纳什均衡。例如,在图 1-4 所示夫妻之争中,我们可以采取上述类似的方法,可以得到该博弈的混合战略纳什均衡为(1/3,2/3;2/3,1/3)。

2.3.3 混合策略下的反应函数

类似于古诺模型,我们也可以得到当博弈方采取混合策略时各自的反应函数。以猜硬币游戏为例,盖硬币方的混合策略反应函数为针对猜硬币方混合策略的最优反应。我们知道,当猜硬币方采取的混合策略$(q,1-q)$时,盖硬币方选择盖正和盖反的期望收益分别为:

$$ER_{盖}(正)=q\times(-1)+(1-q)\times1 \qquad (2-11)$$

$$ER_{盖}(反)=q\times1+(1-q)\times(-1) \qquad (2-12)$$

不难看出,当 $q<1/2$ 时,$ER_{盖}$(正)>0,而 $ER_{盖}$(反)<0,即 $ER_{盖}$(正)$>ER_{盖}$(反)。换言之,如果猜硬币方猜正的概率小于猜反的概率,那么盖硬币方盖正的期望收益大于盖反。此时,盖硬币方的最优反应为盖正,即选择 $r=1$。相反,如果 $q>1/2$,即猜硬币方猜正的概率超过猜反的概率,那么,$ER_{盖}$(正)<0,而 $ER_{盖}$(反)>0,因此,$ER_{盖}$(正)$<ER_{盖}$(反),即盖硬币方的最优反应为盖反,因为盖反的期望收益更高。此时,$1-r=1$,即 $r=0$。最后,当 $q=1/2$ 时,即猜硬币

方猜正和猜反的概率相等,盖硬币方的最优反应是什么? 比较式(2-11)和式(2-12)可知,此时盖硬币方盖正和盖反的期望收益相等,均为 0。这意味着盖硬币方可以选盖正,也可以选盖反,即也采取混合策略。这意味着,$0<r<1$。综合盖硬币方针对猜硬币方不同混合策略下的最优反应,我们可以得到猜硬币方的反应函数:

$$R_{盖}(q)=\begin{cases} 1,当 q\in\left[0,\dfrac{1}{2}\right); \\ (0,1),当 q=\dfrac{1}{2}; \\ 0,当 q\in\left(\dfrac{1}{2},1\right]. \end{cases} \qquad (2-13)$$

类似地,我们可以分析猜硬币方对于盖硬币方不同混合策略下的最优反应,由此可以得到猜硬币方的反应函数:

$$R_{猜}(r)=\begin{cases} 0,当 r\in\left[0,\dfrac{1}{2}\right); \\ (0,1),当 r=\dfrac{1}{2}; \\ 1,当 r\in\left(\dfrac{1}{2},1\right]. \end{cases} \qquad (2-14)$$

我们可以进一步把上述双方的反应函数画在同一个坐标系中,如图 2-9 所示。从中可知,盖硬币方和猜硬币方反应函数的唯一交点即为混合策略纳什均衡,即双方各以 1/2 的概率选择两种不同的策略。

对于仅有纯策略纳什均衡或者同时存在纯策略和混合策略纳什均衡的双人双策略静态博弈,我们可以采取同样的方法来求出博弈双方的反应函数,并由反应函数的交点得到纳什均衡。在仅存在唯一纳什均衡的囚徒困境中,每个嫌犯的反应函数为,不管对方采取什么混合策略,他选择“坦白”,即其选择“坦白”的概率等于 1。每个嫌犯的策略均如此,意味着(1,0;1,0)为该博弈的混合策略纳什均衡,也就是该

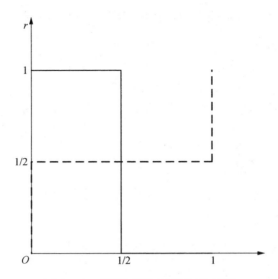

图 2 - 9　猜硬币游戏的反应函数

博弈的纯策略纳什均衡(坦白,坦白)。进一步考虑夫妻之争中双方针对对方混合策略的反应函数,读者可以发现,该博弈双方的反应函数存在三个交点,分别对应着两个纯策略纳什均衡和一个混合策略纳什均衡。对此,读者可以通过在同一坐标轴中画出博弈各方的反应函数,然后寻找反应函数的交点来寻找该博弈的所有纳什均衡。从这里我们也可以看出,纯策略纳什均衡只不过是混合策略纳什均衡的一个特例,即纯策略纳什均衡之下博弈方选择某个策略的概率为1,而其他策略的概率为0。

2.3.4　反复剔除严格劣于混合策略的纯策略

有时博弈各方的策略会超过两个。考虑如图 2 - 10 所示的完全信息静态博弈,其中博弈方 1 和博弈方 2 都有 3 个策略,分别是 (U, M, D) 和 (L, C, R)。首先,不难发现该博弈有三个纯策略纳什均衡:(U, C)、(M, L) 和 (D, R)。那么,其混合策略纳什均衡是什么呢?我们可以采取前面类似的方法,即一方的最优混合策略要使对方选择不

同纯策略的期望收益相等。基于此,我们可以写出博弈方 1 的最优混合策略必须满足如下条件:

$$ER_2(L)=ER_2(C)=ER_2(R) \qquad (2-15)$$

也就是:

$$r_1 \times 0 + r_2 \times 3 + (1-r_1-r_2) \times 6 = r_1 \times 4 + r_2 \times 0 + (1-r_1-r_2) \times 0 = r_1 \times 0 + r_2 \times 0 + (1-r_1-r_2) \times 6$$

由此条件可知:

$$r_1=3/5, r_2=0, r_3=2/5$$

$$ER_2=12/5$$

同样,我们可以求出博弈方 2 的最优混合策略:

$$q_1=3/5, q_2=0, q_3=2/5 。$$

		博弈方 2		
		$L(q_1)$	$C(q_2)$	$R(1-q_1-q_2)$
博弈方 1	$U(r_1)$	0,0	3,4	6,0
	$M(r_2)$	4,3	0,0	0,0
	$D(1-r_1-r_2)$	0,6	0,0	6,6

图 2-10 双人三策略完全信息静态博弈

但是,如果我们把图 2-10 中策略组合 (D,R) 下的双方收益改为 $(5,5)$,那么,博弈如图 2-11 所示。此时,我们还可以采取上述方法求双方的混合策略纳什均衡吗?根据式(2-15),我们可以得到博弈方 1 的最优混合策略条件是:

$$r_1 \times 0 + r_2 \times 3 + (1-r_1-r_2) \times 6 = r_1 \times 4 + r_2 \times 0 + (1-r_1-r_2) \times 0 = r_1 \times 0 + r_2 \times 0 + (1-r_1-r_2) \times 5$$

结果发现,我们无法在 $(0,1)$ 找到博弈方 1 的最优混合策略使上式成立。对此,我们回到纳什均衡的概念。简单地讲,纳什均衡是博弈各方最优策略的组合。修改后博弈的纯策略纳什均衡只有两个：
(U,C)和(M,L)。

		博弈方2		
		$L(q_1)$	$C(q_2)$	$R(1-q_1-q_2)$
博弈方1	$U(r_1)$	0,0	3,4	6,0
	$M(r_2)$	4,3	0,0	0,0
	$D(1-r_1-r_2)$	0,6	0,0	5,5

图 2 - 11 双人三策略完全信息静态博弈

对于图 2 - 11,我们也可以通过剔除严格劣策略的方法来简化存在三个以上的策略的静态博弈。在一个完全信息静态博弈中,如果某个博弈方的某个策略给其带来的收益小于其他策略的某个混合策略给他带来的期望收益,那么我们说该策略是其他策略的某个混合策略的严格劣策略。此时,该策略可以从该博弈中剔除掉。在图 2 - 11 中,如果博弈方 1 在 U 和 M 之间采取某个混合策略时,可以使其在博弈方 2 选择不同策略时的期望收益总是高于其选择策略 D,那么 D 严格劣于 U 和 D 的该混合策略,从而 D 可以被剔除掉。要使 D 严格劣于 U 和 D 的混合策略,意味着:

$r_1 \times 0 + r_2 \times 4 > 0$;

$r_1 \times 3 + r_2 \times 0 > 0$;

$r_1 \times 6 + r_2 \times 0 > 5$。

博弈方在 U 和 D 之间采取混合策略,意味着 $r_1 + r_2 = 1$。因此,可以计算,当 $r_1 > 5/6$ 时,博弈方 1 在 U 和 D 上采取混合策略的期望收益总是高于选策略 D。因此,D 严格劣于 U 和 D 的某混合策略,可以被剔除。从混合策略的意义上讲,博弈方 1 不选 D,意味着其选 D 的概率为 0。同理,我们也可以把博弈方 2 的 R 剔除。因此,我们只需要分析博弈方 1 如何在 U 和 M 之间选择最优的混合策略,博弈方 2 如何在 L 和 C 之间选择最优的混合策略。基于前面所学的知识,可容易可以得到:$r_1=3/7$;$r_2=4/7$;$q_1=4/7$;$q_2=3/7$。

最后,我们给出一个定理,该定理说明纳什均衡的存在性。

纳什定理:如果一个博弈有有限个博弈方,每个博弈方的策略也是有限的,那么,该博弈一定存在纳什均衡,其中可能包括混合策略纳什均衡。

1994 年诺贝尔经济学奖得主,非合作博弈理论的开创者约翰·纳什(1928—2015)采用不动点定理证明了该定理,其基本思想是证明博弈各方反应函数存在交点。感兴趣的读者可以阅读一些高级的博弈论教材。值得注意的是,博弈方和策略有限是纳什均衡存在的充分条件,但不是必要条件。一些无限博弈也可能存在纳什均衡。

2.4 一些拓展

在完全信息静态博弈中,有些博弈会存在多重纳什均衡,如夫妻之争。采用收益矩阵的形式表述博弈尽管便于分析博弈的纳什均衡,但是这种过度简化并不会告诉我们在存在多重纳什均衡的情况下最终出现的是哪个结果。在夫妻之争中,如果决策之时正好是妻子的生日,那么,纳什均衡将是(歌剧,歌剧)。因此,一些被模型抽象掉的模型框架之外的因素将会决定多重纳什均衡情况下博弈双方的最终选择。正是对这些因素的考虑,我们有了一系列新的均衡概念。

2.4.1 帕累托上策均衡和风险上策均衡

在多重纯策略纳什均衡中,给博弈双方带来的收益更高的纳什均衡为帕累托上策均衡。考虑如下战争与和平博弈。国家 1 和国家 2

均有两个策略可选,战争或者和平。国家采取战争策略意味着博弈双方将投入更多的资源用于非生产性活动,因而各自获得的收益为−5;采取和平策略意味着博弈双方专注于社会福利的增加,因而各自的收益为10,而一方采取战争策略,另一方采取和平策略,那么采取和平策略的一方收益为−10,而采取战争策略一方的收益为7。该博弈可以表述为图2−12所示的收益矩阵。可以看出,该博弈有两个纯策略纳什均衡(战争,战争)和(和平,和平)。其中,(和平,和平)是帕累托上策均衡,因为该均衡给两个国家带来的收益比(战争,战争)要好。

		国家2	
		战争	和平
国家1	战争	−5,−5	7,−10
	和平	−10,7	10,10

图2−12 战争与和平

但是,国家博弈中实际采取的策略可能并非是帕累托上策均衡。一个国家为了生存和发展,或者为了保持主权独立,往往是投入大量的资源用于军备,采取战争策略。因此,最终的选择是收益比较低的纳什均衡(战争,战争)。这里就产生了另一个均衡概念,叫风险上策均衡。给定一方采取如下混合策略,即以相同的概率选择两个不同的策略,给另一方带来期望收益更高的策略将被选择,该策略对应的纳什均衡即为风险上策均衡。在战争与和平博弈中,给定国家2选择战争和和平的概率相同,为0.5;国家1选择战争的期望收益为(−5)×0.5+7×0.5=1,大于选择和平的期望收益0。因此,国家1会选择战争。类似地,给定国家1选择战争与和平的概率都为0.5,国家2选择战争的期望收益总是高于选择和平。因此,从风险的角度出发,(战争,战争)才是风险上策均衡。

2.4.2　聚点均衡和相关均衡

聚点均衡则是依照博弈框架之外为博弈双方共同认知的信息来选择纳什均衡。考虑如下博弈：两个人分别写一个日期，如果两个人写的数字一样，那么，每人可以获得一份奖励，否则，没有收益。该博弈的纳什均衡是什么？任何写出来的相同的两个日期都能构成纳什均衡。但是，哪个纳什均衡会出现呢？这取决于双方能够想到一块。如果博弈双方是夫妻，且博弈之日为一方的生日，双方可能会写出该生日。如果是陌生人，可能会写博弈当日的日期。这些能够让博弈双方"想到一块"的信息相当于一个聚点，为双方所选择，成为纳什均衡。类似地，机场接人博弈中，机场的会客点或者航班出口构成了该博弈的聚点；在打电话博弈中，博弈双方建立的默契关系将构成电话断线之后双方在"自己打电话"和"等对方打电话"之间进行选择的依据。

在有些博弈中，尽管存在多重纳什均衡，但是，一些纳什均衡之外的策略组合给博弈双方带来的总收益反而更高。此时，博弈双方可以基于一些共同的信号进行策略选择，以使博弈双方以一定的概率选择总收益最高的策略组合。考虑如图 2-13 所示博弈，该博弈有两个纯策略纳什均衡（上，左）和（下，右）。策略组合（下，左）尽管不是纳什均衡，但是，其总收益比纳什均衡下的总收益更高。那么，有没有办法使（下，左）成为博弈结果？我们可以设定如下规则，使策略组合（下，左）以 1/3 的概率出现。该规则为：在 A、B、C 之间进行随机选择；博弈方 1 只知道是否是 A 被选择，如果 A 被选择，博弈方 1 选择"上"，否则，选"下"；博弈方 2 只知道是否 B 被选择，如果 B 被选择，博弈方 2 选择"右"，否则，选"左"。由此可知，当 A 被抽中时，博弈方 1 选择"上"，博弈方 2 选择"左"，即纳什均衡（上，左）；当 B 被抽中时，博弈方 1 选择"下"，博弈方 2 选择"右"，即纳什均衡（下，右）；当 C 被抽中时，博弈方

1选择"下",博弈方2选择"左",即总收益最高的策略组合(下,左)。在上述规则之下,任何一方单方面或者同时忽视该规则只会使博弈的解退回到两个纳什均衡。比如,博弈方1忽视该规则,且 A 或者 C 出现了,此时博弈方2的选择是"左",给定博弈方2选"左",博弈方1选择"上",从而结果为(左,上);如果是 B 出现了,博弈方2会选择"右",给定博弈方2的选择,博弈方1的选择为"下",结果为另一个纳什均衡(下,右)。类似地,博弈方2单方面忽视上述规则也不会导致偏离纳什均衡的结果发生。这种使非纳什均衡作为可能结果出现的相关规定即为相关均衡。

		博弈方2	
		左	右
博弈方1	上	6,2	0,1
	下	5,5	2,6

图 2-13

2.4.3 防共谋均衡

下面我们进一步分析在一个3人2策略静态博弈中如何对多重纯策略纳什均衡进行提炼,以得到更加稳定的结果。当然,这并不是说所有的多人博弈都存在这种提炼问题。3人以及更多人博弈的一个重要特征是,可能存在某些纳什均衡会使部分博弈方形成"小团体"通过合谋来损害其他博弈方的利益。在完全信息静态博弈的环境下,利益可能因其他博弈方合谋而受损的博弈方也会认识到这种可能,从而选择不给其他博弈方采取合谋机会的策略。这种不给多人博弈中部分博弈方合谋机会的纳什均衡,我们称之为防共谋均衡。

为了明确防共谋均衡的含义,我们考虑如图2-14所示3人2策略博弈。这里存在3个博弈方,博弈方1、博弈方2和博弈方3。博弈方1有两个策略,"上"和"下";博弈方2有两个策略,"左"和"右";博弈方3也有2个策略,A和B。因此,该博弈一共有8种结果。为了便于描述,图2-14基于博弈方3的两种策略分别给出其与其他博弈方不同策略组合下的收益,其中每个策略组合之下的三个收益依次为博弈方1、博弈方2和博弈方3的收益。

该博弈的纯策略纳什均衡是什么?根据纳什均衡的定义,我们可知有两个纯策略纳什均衡:(上,左,A)和(下,右,B)。对于(上,左,A)这个纳什均衡而言,如果博弈方1和博弈方2合谋分别选择"下"和"右",那么,博弈结果将变成(下,右,A)。而且,对于博弈方1和博弈方2而言,他们的确有这种合谋的激励,因为这样可以使其获得更高的收益,6。当然,博弈方1和博弈方2的合谋是以损害博弈方3的利益为代价的。在一个完全信息博弈中,博弈方3也可以分析到这种潜在的合谋行为。因此,为了防止这种合谋的发生,博弈方3将选择B,而不是A,从而使博弈的最终结果是(2,2,2)。该结果对于博弈方3而言,虽然不及纳什均衡(上,左,A)带来的收益多,但是比博弈方1和2合谋时的结果(下,右,A)时收益要高。因此,在该博弈中,纳什均衡(下,右,B)是防共谋均衡,而纳什均衡(上,左,A)不是防共谋均衡。

		博弈方2	
博弈方3选策略A		左	右
博弈方1	上	3,3,3	2,2,1
	下	2,2,1	6,6,0
博弈方3选策略B		左	右
博弈方1	上	0,0,2	1,1,0
	下	1,1,0	2,2,2

图2-14 3人2策略博弈

▶▶▶**本章小结**

1. 在一个完全信息静态博弈中,博弈各方的最优策略组合构成了该博弈的纳什均衡。

2. 求解完全信息静态博弈纳什均衡的基本方法有三种:(1) 定义法,即从纳什均衡的定义出发,寻找所有博弈方都不会偏离当前策略组合;(2) 寻找博弈各方的上策,如果所有博弈方都有上策,那么,由上策构成的策略组合即为该博弈的纳什均衡;(3) 反复剔除严格劣策略方法,即反复寻找并剔除博弈各方的严格劣策略,如果仅剩一个策略组合,那么该策略组合一定为纳什均衡。

3. 上策均衡一定是纳什均衡,但是纳什均衡不一定是上策均衡。反复剔除严格劣策略方法不会剔除纳什均衡,且如果该方法仅剩一个策略组合,那么该策略组合必然是该博弈的纳什均衡。反复剔除弱劣策略有可能剔除纳什均衡。

4. 如果博弈的某个结果给所有博弈方带来的收益不低于另外一个结果,那么我们说该结果帕累托占优另外一个结果。在一个博弈中,如果某个结果不被另一个结果帕累托占优,那么,该结果为帕累托最优结果。

5. 古诺模型中两寡头企业进行产量竞争。面临着同一个产品市场,每家企业最大化自己的利润。纳什均衡下的产量高于两家企业合谋(即像一家垄断企业那样生产)时的产量,利润则低于两家企业合谋时的利润。尽管如此,由于偏离合谋可以单方面获得更高的利润,两家企业总是最大化自己的利润,即无法达成合谋。

6. 混合策略即博弈各方采取不同策略的概率。每个博弈方的所有混合策略之和等于1。博弈方以概率1选择某个策略,即为纯策略。因而,纯策略是混合策略的一个特殊形式。诸如猜硬币之类的博弈,尽管没有纯策略纳什均衡,但是存在一个混合策略纳什均衡。由博弈各方最优混合策略构成的策略组合即为纳什均衡。

7. 求解混合策略纳什均衡的方法有两种:(1)给定博弈各方的混合策略,任何博弈方最大化自己的期望收益;(2)任何一方的最优混合策略必须使对方选择不同策略的期望收益相等。

8. 反应函数刻画了任何一方对于对方不同策略下的最优反应。所有博弈方反应函数的交点,即为纳什均衡。任何有限博弈都存在纳什均衡,即纳什定理。

9. 在存在多个纯策略纳什均衡时,人们无法确定哪个均衡会被选择。一些被模型抽象掉的因素将决定最终的选择。这些对完全信息静态博弈的拓展包括:风险上策均衡、帕累托上策均衡、聚点均衡、相关均衡和防共谋均衡,等等。

▶▶▶ 术 语

纳什均衡　上策　严格劣策略　帕累托最优结果　反应函数
混合策略　风险上策均衡　帕累托上策均衡

▶▶▶ 习 题

1. 简述纳什均衡、上策均衡和反复剔除严格劣策略方法之间的关系。

2. 京东和天猫对是否参加"双十一"降价促销进行博弈,博弈如下图所示:

		天猫	
		参加	不参加
京东	参加	6,6	10,2
	不参加	2,10	8,8

请问：

（1）天猫对京东不参加策略的最优反应是什么？

（2）该博弈有没有上策？

（3）该博弈的纳什均衡是什么？

（4）该博弈的帕累托最优结果是什么？

3. 请采用反复剔除严格劣策略的方法求解以下博弈的纳什均衡。

		博弈方2		
		左	中	右
博弈方1	上	4,3	1,0	3,2
	中	2,2	5,1	2,1
	下	1,1	3,0	3,3

4. 求如下博弈的所有纯策略纳什均衡。

		博弈方2	
		左	右
博弈方1	上	3,1	0,0
	下	0,0	1,3

5. 两企业进行古诺博弈。企业1和企业2生产相同的产品，产量分别为 q_1 和 q_2。现假定市场需求曲线为：$P=a-Q$，其中 $Q=q_1+q_2$。两家企业的边际成本相同，为 c。请计算：

（1）两家企业的反应函数。

（2）该博弈的纳什均衡、产品价格和利润水平。

6. n 个博弈者（$n>1$）被要求在1和100之间报一个整数。报数最接近"所有报数的均值+1"的博弈者胜出。请分析该博弈的纳什均衡。

7. 按照如下两种方法求题 4 所示博弈的混合策略纳什均衡。

(1) 给定各方混合策略,最大化各自的期望收益。

(2) 混合策略纳什均衡之下任何一方的混合策略总是使另一方采取不同纯策略的期望收益相等。

进一步回答:

(3) 为什么任何一方的最优混合策略是使对方采取不同纯策略的期望收益相等?(提示:如果不这样会怎样)

(4) 写出各方的混合策略的最优反应函数。

8.【旅行者悖论】两个结伴同行的老外在中国北京的秀水街花同样的价格各买入一个花瓶。他们乘坐飞机回国,并把花瓶一起托运回国。他们下飞机取回托运行李时,却发现花瓶被挤破了。于是,航空公司打算赔偿他们的损失。航空公司只知道花瓶的价格不超过 100 元,现让两个旅游者分别报价,如果报价相同,航空公司按价赔偿;如果报价不同,按照低价赔偿,并且给报低价者 2 元钱奖励。求该博弈的纳什均衡。

9. 考虑伯川德价格竞争模型。两家企业生产相同的产品,边际成本为 c。假设现在企业 1 公开向消费者宣称,如果发现更低价格,他将把差价退给消费者。企业 2 也知道这一消息。当前价格是 p,且 $p > c$。请分析此时纳什均衡。

10. 某村庄有 n 个牧民,$n \geq 2$。他们在同一块公共牧场放羊。每位牧民放羊的头数为 q_i,$i = 1, \cdots, n$。每头羊的价值为:$v_i = c - Q$,$Q = q_1 + \cdots + q_n$。即牧民养羊总头数越多,市场供应量越大,每头羊的价值越低。求解:

(1) 纳什均衡以及村民利润。

(2) 如果该牧场归一位牧民所有,那么最优养羊头数和利润是多少?

（3）比较和分析（1）和（2）。现实生活中还有哪些类似的情况？

11. 求解如下双人三策略完全信息静态博弈的纳什均衡。

		博弈方2		
		L	C	R
博弈方1	U	3,1	0,1	0,0
	M	1,1	1,1	5,0
	D	0,1	4,1	0,0

12.（1）请判断以下说法是否正确：如果某个完全信息博弈只有唯一的纯策略纳什均衡，那么，不存在一个混合策略纳什均衡（即纯策略均衡之外的策略被选择的概率为0）。

（2）请分析如下博弈的纳什均衡。

		博弈方2		
		L	C	R
博弈方1	U	1,1	−1,1	−1,−1
	M	−1,−1	1,−1	−1,1
	D	−1,−1	−1,1	1,−1

（3）结合（2）分析（1）。

第 3 章

完全且完美信息动态博弈

1. 理解动态博弈中的纯策略概念。

2. 会求解完全且完美信息动态博弈纯策略纳什均衡。

3. 会用递推法求解完全且完美信息动态博弈。

4. 理解子博弈和子博弈完美纳什均衡的概念。

5. 会求解斯塔克尔伯格模型。

现实生活中人们之间的交往、企业之间的交易往往存在先后次序。动态博弈研究经济主体如何在这种涉及行动先后次序的情况下做出最优的行动选择。本章介绍完全且完美信息动态博弈的基本概念、求解方法、纳什均衡以及应用。

3.1 完全且完美信息动态博弈

3.1.1 基本概念

在一个博弈中,如果博弈方采取行动存在先后次序,那么该博弈便是动态博弈。动态博弈往往更加符合人类社会的现实生活。在扑克游戏中,玩家出牌有先后次序;企业对某个产品市场的竞争,往往并非同时进入该市场,而是存在先后次序;等等。相对于静态博弈,动态博弈至少涉及两个阶段,在每个阶段,有一个博弈方采取行动。如果博弈各方都知道不同策略组合下各方的收益,也知道对方知道,且也知道对方知道自己知道,即关于收益的知识为共同知识,而且后行动者知道此前行动者的行动选择,那么该博弈为完全且完美信息动态博弈。具体而言,两人两阶段完全且完美信息动态博弈的次序为:

首先,先行动者 1 在自己的行动集 A_1 中选择自己的行动 a_1;

其次,后行动者 2 观测到 1 的行动,在自己的行动集 A_2 中选择自己的行动 a_2;

再次,两博弈方各自获得自己的收益 $R_1(a_1,a_2)$ 和 $R_2(a_1,a_2)$。

对于简单的动态博弈,我们往往采取扩展式博弈来描述。考虑一个借钱博弈。张三需要李四,打算从他那里借 1 万元做生意,可以获得 4 万元的净利润。张三向李四承诺获得利润后分 2 万元给他作为回报。该博弈可以简化为一个双人两阶段完全且完美信息动态博弈:李四先决定要不要借钱给张三,然后张三决定在赚钱后要不要分钱给李四。如果不借钱,那么李四和张三的收益分别为 1 万元和 0 万元;如果李四借钱,张三还钱,那么,两人的收益都为 2 万元;如果李四借钱,张三不还钱,那么,张三的收益为 4 万元,李四的收益为 0 万元。由此,我们可以将其表述为图 3-1。其中,圆圈为决策节,动态博弈的每个阶段始于某个或者某些决策节。圆圈中为博弈方标识。从决策节画出来的两条线为博弈方的两个策略。动态博弈最后一个阶段下面的括号标出每阶段策略组合下博弈双方的收益。

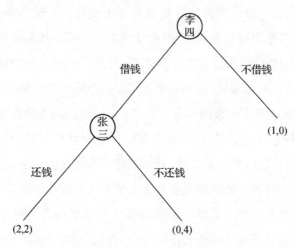

图 3‑1　借钱博弈

3.1.2　博弈方的纯策略

为了求解动态博弈,类似于静态博弈,我们先要知道博弈各方的策略。一个动态博弈的纯策略是指博弈方在其采取行动的所有阶段的一套完整的行动方案,亦即博弈方在其采取行动的每个决策节下的所有行动方案。在图 3‑1 所示的借钱博弈中,博弈双方的纯策略都很简单。李四的纯策略为其在第一阶段的行动方案,包括两个行动"借钱"与"不借钱"。张三的纯策略为其在第二阶段的所有行动方案,即"还钱"与"不还钱"。

但是,如果有些博弈方在多个阶段采取行动,或者某个阶段存在多个决策节点,那么,其纯策略变得有点复杂。再次考虑囚徒困境的例子,此时假设警察不是分开审讯两名嫌犯,而是先审讯嫌犯 1,再审讯嫌犯 2,且嫌犯 2 知道嫌犯 1 在第 1 阶段的选择。因此,该博弈为完全且完美信息动态博弈。我们将其表示为图 3‑2 所示的扩展式博弈。此时,博弈方 1 的纯策略依然是"坦白"和"抗拒"。但是,博弈方 2

的纯策略有 4 个：

（1）他在左边的决策节下选"坦白"，在右边的决策节下也选"坦白"，表示为"坦白－坦白"；

（2）在左边的决策节下选"坦白"，在右边的决策节下选"抗拒"，即"坦白－抗拒"；

（3）在左边的决策节下选"抗拒"，在右边的决策节下选"坦白"，即"抗拒－坦白"；

（4）在左边的决策节下选"抗拒"，在右边的决策节下选"抗拒"，即"抗拒－抗拒"。

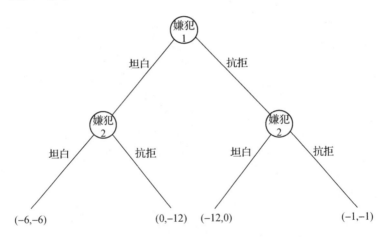

图 3 - 2　修订后的囚徒困境动态博弈

之所以这样，是因为在动态博弈中，后行动者的一个纯策略是一套完整的行动方案，应该包括其在先行动者不同行动选择下的具体选择。因此，在图 3 - 2 所示的博弈中，嫌犯 2 的一个纯策略应该包含其在嫌犯 1 选"坦白"和选"抗拒"下的行动选择。如果一个博弈方在动态博弈的不同阶段采取行动，那么该博弈方的纯策略也应包含其在不同阶段的行动方案。进一步考虑借款博弈。此时，我们引入博弈的第

3阶段,在这一阶段,如果张三借钱不还,李四可以向法院提起诉讼。由于借钱证据确凿,张三一定会败诉,李四将会收回借出的1万元本金,而张三的收入将被罚没,收益为0。如果不起诉,那么,李四和张三的收入分别为0和4万。该3阶段动态博弈可采用如图3-3来描述。

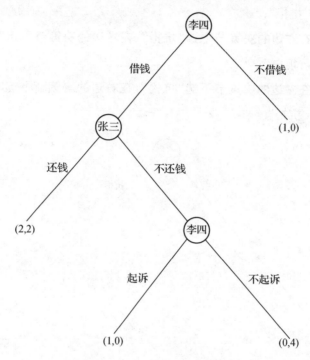

图3-3 3阶段借钱博弈

在该博弈中,李四的纯策略为其在不同阶段的行为选择,因而也有4个,分别为:"借钱—起诉""借钱—不起诉""不借钱—起诉"和"不借钱—不起诉",而张三的纯策略仍然是"还钱"和"不还钱"。

3.1.3 纯策略纳什均衡

对于完全且完美信息动态博弈的纯策略纳什均衡,我们可以通过将其转换为规范式表述来求解。重新考虑借钱博弈,我们知道张三的纯策略是"还钱"和"不还钱",而李四的纯策略是"借钱"和"不借钱"。由此,我们可以把该两阶段动态博弈写成图 3－4 所示规范式表述的博弈。利用第 2 章学到的方法,我们很容易得到该博弈的纳什均衡是(不借钱,不还钱),这也是图 3－1 所示动态博弈的纳什均衡。该纳什均衡意味着,李四在第 1 阶段的最优策略是"不借钱",张三在第 2 阶段的最优策略为"不还钱"。

		张三	
		还钱	不还钱
李四	借钱	2,2	0,4
	不借钱	1,0	1,0

图 3－4 借钱博弈的规范式表述

类似地,写出图 3－2 所示的囚徒动态博弈的规范式表述,如图 3－5 所示。该博弈的纯策略纳什均衡为:(坦白,坦白－坦白),即嫌犯 1 在第 1 阶段的最优策略为"坦白",嫌犯 2 在第 2 阶段的策略为在第 1 和第 2 个决策节均选择"坦白"。

		嫌犯 2			
		坦白－坦白	坦白－抗拒	抗拒－坦白	抗拒－抗拒
嫌犯 1	坦白	−6,−6	−6,−6	0,−12	0,−12
	抗拒	−12,0	−1,−1	−12,0	−1,−1

图 3－5 图 3－2 所示动态博弈的规范式表述

对于图 3－3 所示博弈,我们也可以将其转换为规范式表述,如图 3－6 所示。在这个博弈中,我们可以发现三个纯策略纳什均衡:(借钱－起诉,还钱)、(不借钱－起诉,不还钱)和(不借钱－不起诉,不还钱)。但是,我们可以发现,第一个纯策略纳什均衡是帕累托上策均衡,无论从哪个角度看,张三和李四都有很强的激励去选择该纳什均衡,特别是当第3阶段李四起诉张三不还钱的威胁是可信的时候。

		张三	
		还钱	不还钱
李四	借钱—起诉	2,2	1,0
	借钱—不起诉	2,2	0,4
	不借钱—起诉	1,0	1,0
	不借钱—不起诉	1,0	1,0

图 3 - 6 3 阶段借钱博弈的规范式表述

因此,完全且完美信息动态博弈可以转化为规范式表述的静态博弈,且该静态博弈的纯策略纳什均衡也是该完全且完美信息动态博弈的纯策略纳什均衡,但是一个规范式表述的静态博弈并不能转化成完全且完美信息动态博弈,因为同一个静态博弈可以转换为多种形式的动态博弈。

3.2 子博弈完美纳什均衡

3.2.1 可信性问题

完全且完美信息动态博弈的纯策略纳什均衡存在一个严重的问题是部分纳什均衡并不稳定,缺乏一致性预测的能力。为了理解这一点,我们进一步考虑借钱的博弈。与图 3 - 3 所示借钱博弈不同,这里对借出者李四的法律保护不力。假设在第3阶段,李四起诉张三涉及一个成本,为 2 万元,而张三甚至可以通过行贿司法机关,在李四起诉他的情况下仍可以获得 1 万元的收入。此时的博弈结果如图 3 - 7 所

示。我们可以将该博弈写成规范式表述,并得到其纯策略纳什均衡:
(不借钱－不起诉,不还钱)、(不借钱－起诉,不还钱)和(借钱－起诉,
还钱)。但是,注意到(不借钱－起诉,不还钱)和(借钱－起诉,还钱)
在动态博弈中并不稳定。(不借钱－起诉,不还钱)中包含一个不可信
的威胁,即"起诉",而(借钱－起诉,还钱)则包含着一个不可信的威胁
"起诉"和一个不可信的承诺"还钱",因为在博弈的第 3 阶段,李四不
会起诉,在博弈的第 2 阶段,张三也不会还钱。

　　因此,我们需要进一步对动态博弈的纯策略纳什均衡进行精炼,
以剔除那些包含不可信承诺或者威胁的策略,从而得到一个稳定的纳
什均衡。这种精炼的方法是逆推法(backward deduction)。

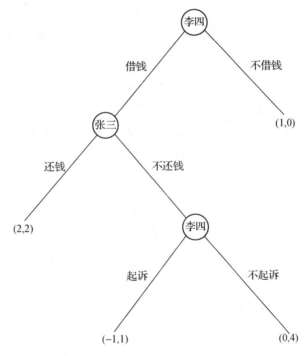

图 3－7　司法不公时的借钱博弈

3.2.2　逆推法

　　所谓逆推法是指从动态博弈的最后一个阶段开始分析,找出最后博弈方的最优行动,然后把该最优行动纳入倒数第 2 阶段博弈方的最优行动选择之中,如此下去,直至分析第 1 阶段博弈方的最优行动。逆推法合乎理性的原因在于,在完全且完美信息动态博弈中,由于关于博弈的步骤和收益的知识为博弈各方所知悉,先行动者总是可以分析后行动者的最优行动,就像后行动者分析自己的最优行动一样,然后进一步将其纳入自己的最优行动选择之中。我们可以仅仅考虑 2 阶段 2 人动态博弈的情形。第 1 阶段由博弈方 1 采取行动,在自己的行动集 A_1 中选择 a_{1i},第 2 阶段由博弈方 2 采取行动,在自己的行动集 A_2 中选择 a_{2i}。采用逆向归纳法求解该博弈意味着我们先从博弈的第 2 阶段开始,博弈方 2 针对博弈方 1 的行动选择自己的最优行动,即

$$\text{Max}_{a_1} u_2(a_1, a_2) \qquad (3-1)$$

　　由此可以得到博弈方 2 针对博弈方 1 的每个行动的最优反应函数,即 $R_2(a_1)$。然后我们回到博弈的第 1 阶段。在该阶段,博弈方 1 考虑到博弈方 2 在第 2 阶段的反应,选择一个行动来最大化自己的收益,即

$$\text{Max}_{a_1} u_1(a_1, R_2(a_1)) \qquad (3-2)$$

　　由于此时只有一个未知数 a_1,我们可以得到博弈方 1 的最优行动 a_1^*,然后代入博弈方 2 的最优反应函数,可以求出博弈方 2 的最优行动 a_2^*。(a_1^*, a_2^*) 即为该双人两阶段动态博弈的逆推解。

　　我们采用逆推法来求解图 3-3 所示 3 阶段动态博弈。我们先从第 3 阶段开始,李四在该阶段的最优行动为起诉,因为起诉相较于不起诉可以给他带来更多的收益。给定李四在第 3 阶段的最优选择,张三在第 2 阶段比较还钱和不还钱的收益:如果还钱,他将获得 2 万元

的收益,如果不还钱,博弈进入第 3 阶段,由于在第 3 阶段李四会选择起诉,不还钱将使其收益为 0,因此,张三在第 2 阶段选择"还钱"。最后,我们分析第 1 阶段李四的选择。由于第 2 阶段张三会还钱,李四在第一阶段的最优行动是选择"借钱",因为借钱可以获得 2 万元的收益,而不借钱只有 1 万元的收益。因此,图 3 - 3 所示的动态博弈的逆推解为:李四在第 1 阶段"借钱",张三在第 2 阶段"还钱",李四在第 3 阶段"起诉"。逆推法剔除了(不借钱-起诉,不还钱)和(不借钱-不起诉,不还钱)这两个不合理的纳什均衡。

类似地,我们可以采用逆推法求解图 3 - 7 所示的 3 阶段借钱博弈。从第 3 阶段开始,李四的最优行动为"不起诉",张三在第 2 阶段的最优行动是"不还钱",李四在第 1 阶段的最优行动为"不借钱"。通过逆推法我们剔除了(不借钱-起诉,不还钱)和(借钱-起诉,还钱)这两个存在不可信威胁或/和不可信承诺策略的纳什均衡。

3.2.3　子博弈完美纳什均衡

在正式介绍子博弈完美纳什均衡之前,我们先了解什么是子博弈。子博弈是指始于某个动态博弈的某个独立决策节以后且能够自成一个独立博弈的部分。一个子博弈开始的决策节必须有独立的信息集,此后阶段决策节的信息集可以不独立,但是必须存在于该子博弈之内。对此,我们同样通过一些例子来加强理解。在图 3 - 3 所示的 3 阶段博弈中,一共有 3 个子博弈:始于张三决策的决策节以下的包括第 2 阶段和第 3 阶段的博弈为一个子博弈;始于李四决策的决策节以下的第 3 阶段博弈也为一个子博弈;整个博弈本身则是第 3 个子博弈。在图 3 - 2 所示的囚徒困境中,也有 3 个子博弈,即原博弈本身,嫌犯 2 的两个决策节以下的部分。进一步考虑图 3 - 8。其中,我们在嫌犯 2 的决策节之间画了一条虚线,表示轮到嫌犯 2 行动时,他不知道嫌犯 1 的行动选择。因此,图 3－8 标示的动态博弈为完全非完美信息动态博弈。此时,该博弈只有 1 个子博弈,即该博弈本身。那么,为什么在嫌犯 1 选择"坦白"之后嫌犯 2 的决策节之下的部分不是该动态博弈的一个子博弈呢? 因为嫌犯 2 在该决策节之下的信息并不独立,而是与嫌犯 1 选择"抗拒"之后他的决策节联系在一起,因而嫌犯 2 的两个决策节之下的博弈并不能构成该博弈的子博弈。

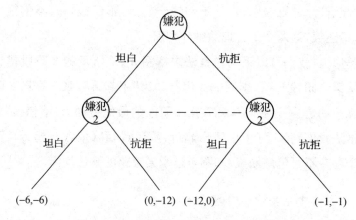

图 3－8　完全非完美信息囚徒困境

下面介绍子博弈完美纳什均衡的概念。如果一个策略组合不仅在整个完美信息动态博弈中构成纳什均衡,也在该动态博弈的所有子博弈中构成纳什均衡,那么该策略组合是该博弈的子博弈完美纳什均衡。前面所述的逆推法是求解子博弈完美纳什均衡的最基本方法,通过该方法可以把那些不能够在子博弈中构成纳什均衡的纯策略纳什均衡剔除掉。在图 3－3 所示的动态博弈中共有 3 个子博弈。我们可以检验,(借钱－起诉,还钱)这三个策略组合,"起诉"在始于第 3 阶段的子博弈中构成纳什均衡,(起诉,还钱)构成了始于第 2 阶段的子博弈中的纳什均衡,而(借钱－起诉,还钱)则构成了整个动态博弈的纳什均衡,因而它是该博弈的子博弈完美纳什均衡。类似地,我们可以检验(不借钱－起诉,不还钱)和(借钱－起诉,还钱)虽然在整个动态博弈中构成了纳什均衡,但是并不能够在所有子博弈中构成纳什均衡,因而它们不是图3－3所示博弈的子博弈完美纳什均衡。

3.3 应用举例

3.3.1 斯塔克尔伯格模型

斯塔克尔伯格模型又称领导者－追随者模型。该模型由德国经济学家斯塔克尔伯格(H. Von Stackelberg)于1934年提出。假设市场上有两家企业,一家企业为领导者,先决定自己的产量,另一个企业为追随者,在领导者企业确定产量之后决定自己的产量。企业的目标都是利润最大化。领导企业记为1,追随企业记为2,各自的产量分别为 q_1 和 q_2,边际成本都为2。假定需求曲线为 $P＝8－Q$,其中 $Q＝q_1＋q_2$。显然,这是一个两阶段完全且完美信息动态博弈。我们采用逆推法求解该博弈的子博弈完美纳什均衡。

在第2阶段,企业最大化如下利润函数:

$$\mathrm{Max}_{q_2}\pi_2(q_1,q_2)＝\mathrm{Max}_{q_2}(8－q_1－q_2)q_2－2q_2 \qquad (3－3)$$

由利润函数对 q_2 求一阶偏导,令其等于0,可得:

$$q_2＝3－q_1/2 \qquad (3－4)$$

式(3－4)即为跟随者企业在第2阶段针对企业1的每个产量的最优反应函数。在第1阶段,领导者企业把式(3－4)纳入自己的利润函数,最大化自己的利润,即

$$\mathrm{Max}_{q_1}\pi_1(q_1,q_2)＝\mathrm{Max}_{q_1}\left(8－q_1－\left(3－\frac{q_1}{2}\right)\right)q_1－2q_1 \qquad (3－5)$$

由式(3－5)对 q_1 求一阶偏导,并令其等于0,可得 $q_1＝2$,代入式(3－4),可进一步求得 $q_2＝1.5$。因此,斯塔克尔伯格模型的逆推解

为:(3,1.5)。进一步将其代入需求函数,可以得到市场价格为3.5,企业1的利润为4.5,企业2的利润为2.25。

比较斯塔克尔伯格模型与古诺模型,我们可以知道,先行者企业生产了更多的产量,获得了更高的利润,跟随企业生产了更少的产量,获得了更少的利润,而市场总产量超过了古诺模型下的产量,产品价格则更低。

斯塔克尔伯格模型可以拓展到分析上下游企业双头垄断价格博弈的情形。假设某产品市场上游是一家制造企业,下游是一家零售企业。制造企业以边际成本2生产产品,并且选择一个价格 p_1 将其销售给零售企业,然后零售企业以一个价格 p_2 把产品销售给消费者。假设零售企业的成本为0,市场需求曲线为 $q_2 = 8 - p_2$。对此,我们采用逆推法求解。在第2阶段,零售企业在制造企业给定的价格 p_1 之下选择销售价格 p_2。零售企业的最大化其如下利润函数为:

$$\pi_2(p_2) = q_2 \times p_2 - q_2 \times p_1 = (8 - p_2)(p_2 - p_1) \qquad (3-6)$$

由式(3-6)对 p_2 求一阶偏导,并令其等于0,可得:

$$p_2 = 4 + p_1/2 \qquad (3-7)$$

代入需求函数,我们可以得到制造企业面临的需求函数:

$$q_2(p_1) = 4 - p_1/2 \qquad (3-8)$$

式(3-8)为针对制造企业的销售价格 p_1,零售企业的最优销售数量。制造企业在第1阶段最大化自己的如下利润函数:

$$\pi_1 = p_1 \times q_2(p_1) - 2q_2(p_1)$$

把式(3-8)式代入上式,对 p_1 求偏导,令其等于0,可以求得:

$$p_1^* = 5, p_2^* = 6.5, q_2^* = 1.5$$

代入各自利润函数,可以求得制造企业和零售企业的利润分别为4.5和2.25。因此,该动态博弈的子博弈完美纳什均衡为(5,6.5)。那么,如果制造企业进行纵向一体化,直接向市场销售产品会是什么结果？此时，制造企业就像一家垄断企业。根据第 2 章第 2.2 节的分析，其产出为 3，利润为 9。显然，非一体化下的双重加价（double Marginalization）具有负外部性，导致了更高的终端价格、更低的均衡产出和企业总利润。

3.3.2 终极讨价还价博弈

考虑如下两人两阶段博弈。组织者提供一笔钱，比如说是 10 个硬币，每枚硬币面值 1 元。先由博弈方 1 分给博弈方 2。然后，博弈方 2 根据博弈方提供的钱数，比如说是 $x, x \in [0, 10]$，决定是否接受，如果接受，双方收益为 $(1-x, x)$，如果不接受，组织者收回这笔钱，双方收益为 0。求该博弈的子博弈完美纳什均衡。对于这个博弈，我们可将其表述为如图 3-9 所示扩展式博弈。我们采用逆推法来求解该博弈。在第 2 阶段，博弈方 2 的最优策略是，只要 $x > 0$，选择"接受"；如果 $x = 0$，那么，既可以选"接受"，也可以选"拒绝"。再回到第 1 阶段，根据博弈方 2 的最优反应，如果当 $x = 0$ 时，博弈方 2 选择接受，那么，博弈方 1 选择 $x = 0$；如果当 $x = 0$ 时，博弈方 2 选择拒绝，那么博弈方

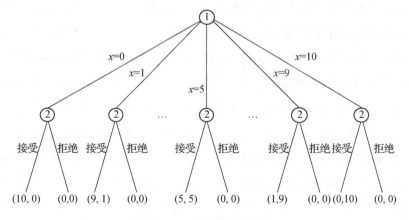

图 3-9 终极谈判博弈

1 选择 $x=1$。因此,该博弈的子博弈完美纳什均衡为:当 $x>0$,博弈方 2 选择"接受";当 $x=0$ 时,博弈方 2 选择"接受""拒绝"或者采取混合策略,博弈方 1 的策略为选 1 或者 0,取决于博弈方 2 在 $x=0$ 时的反应。

进一步考虑一个三阶段讨价还价博弈。第 1 阶段,博弈方 1 分 x 元给博弈方 2;第 2 阶段,博弈方 2 选择"接受"或者"拒绝",如果选"拒绝",博弈方 2 提出一个 $1-p$ 给博弈方 1。博弈进入第 3 阶段。第 3 阶段,由博弈方 1 选择"接受"或者"拒绝",如果选择"拒绝",博弈方 1 提出一个 c 元给博弈方 2,博弈结束。这个博弈可以表述为图 3−10 所示的扩展式博弈。如果不存在贴现因子 δ,结果会非常简单,博弈方 1 会选择 $x=0$,博弈方 2 在第 2 阶段选"接受",博弈方 1 在第 3 阶段选"拒绝"。

现在考虑存在贴现的情形。假设每回合的贴现率为 δ。任何博弈方的一次拒绝使博弈进入下一回合,由此产生一次贴现。我们可以采用逆推法对此分析。如果博弈进入到第 3 回合,意味着 $c=0$,那么在第二回合,博弈方 2 要使博弈方 1 接受其分钱建议 p,则必须使 $1-p$ 不小于博弈方 1 在第三回合的收益贴现值,即 $1-p \geqslant 1 \times \delta$。博弈方 2 最大化自己的收益,必然使 $1-p=\delta$。同样,在第一回合,博弈方 1 的分钱 x 必须使博弈方 2 在第一回合选"接受"的收益不低于选择"拒绝"进入第二回合的收益的贴现值,因而 $x=\delta \times (1-\delta)=\delta-\delta^2$。因此,该博弈的结果为博弈方 1 在第 1 阶段分给博弈方 2 的收益为 $\delta-\delta^2$,分给自己的收益为 $1-\delta+\delta^2$。子博弈完美纳什均衡为:博弈方 1 在第 1 阶段分 $\delta-\delta^2$ 给博弈方 2,在第 3 阶段选"接受""拒绝"或者在两者之间采取混合策略,博弈方 2 在第 2 阶段选"接受""拒绝"或者两者之间的混合策略;或者,博弈方 1 在第 1 阶段分 $x>\delta-\delta^2$ 给博弈方 2,在第 3 阶段选"拒绝",博弈方 2 在第 2 阶段选"接受"。

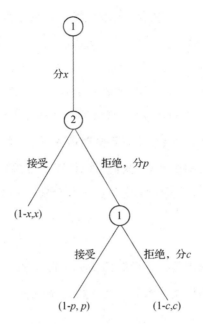

图 3－10 三阶段讨价还价博弈

终极讨价还价模型可以用于分析企业的专用性投资问题。所谓的专用性投资是指企业为满足特定客户的产品需求进行投资,而且该投资不能用于生产其他产品。假设在一个市场上上下游各有一个企业,企业 1 生产某产品,企业 2 为该产品的唯一购买者。现在有一个降低企业 1 生产成本的技术,但是需要进行投资。投资额与单位生产成本之间的关系为 $c(I)$,c 是 I 的递减函数,即 $c'(I)<0$,且 $c''(I)>0$。企业在第 1 阶段决定投资多少用于降低成本,企业 2 在第 2 阶段决定购买企业 1 产品的价格 p,企业决定是否接受该价格。假设该产品对企业 2 的价值为 v。我们采用逆推法求解该动态博弈。在第 2 阶段,企业 2 设定一个 p,企业 1 选择"接受"的收益为 $p-c(I)-I$,选择"不接受"的收益是 $-I$,因此,企业 1 选择"接受"的条件是 $p\geqslant c(I)$。此时,企业 2 的利润为 $v-p$,否则企业 2 的利润为 0。企业 2 最大化其利

润意味着设定 $p=c(I)$。在第 1 阶段,企业 1 的利润函数为 $p-c(I)-I=-I$,这意味着最优的 I 为 0。因此,该博弈的子博弈完美纳什均衡是,企业 1 选择 I 为 0,企业 2 设定价格为 $p=c(0)$,企业 1 选择"接受"该价格。上述结果表明,当企业针对唯一买方进行的产品专用性投资尽管能够降低生产成本,但是由于其可能被买方"套牢",即一旦投资不能从该项投资中获得回报,那么,企业不会对该降低成本技术进行投资。

为了清楚地看到这一点,我们可以计算出社会福利最大化下的最优投资水平。此时,我们最大化企业 1 和企业 2 的总利润,即 $\pi(I)=v-p+p-c(I)-I=v-c(I)-I$。由该式对 I 求一阶偏导,并令其等于 0,可得 $c'(I)=-1$。由于 $c'(I)<0$,那么,I^* 大于 0,即社会福利最大化时的最优投资水平大于两阶段博弈下的均衡投资水平。换言之,企业对"被套牢"的担忧导致其专用性投资不足。

3.3.3 委托代理模型

委托代理关系广泛存在于市场经济之中。在现代企业制度中,企业的所有权与经营管理权的分离导致一种委托代理关系,即企业的所有者委托管理层负责企业的日常经营活动,而企业管理者则代理企业所有者管理企业。委托代理关系的核心是代理人是否能够如实按照委托人设定的目标行事,而不是谋取私利。店主和雇员之间也存在委托代理关系。街头的奶茶店老板雇一个员工为其工作,老板希望员工努力工作,给其创造最大的收益,而拿工资的员工往往不愿意努力工作,毕竟努力工作会产生具有负效用的劳累感。

在老板和工人之间的委托代理关系中,第 1 阶段,委托人老板先决定是否要委托(雇佣)工人来经营企业。如果老板决定雇佣工人,博弈进入第 2 阶段,工人决定是否要接受老板的委托,去管理企业。如果工人接受委托,那么博弈进入第 3 阶段,工人决定是否努力工作。

我们假设工人的工作努力程度与产出之间的函数关系为 $R(e)$，且 $R'(e) > 0, R''(e) < 0$，即努力程度是产出水平的增函数，且随着 e 的增加，每单位努力程度带来的产出增加不断减少。为了简化，假设工人的努力 e 分为两种状态，努力工作 e_h 和偷懒 e_s，产出分别为 $R(e_h)$ 和 $R(e_s)$，$R(e_h) > R(e_s)$。老板不知道工人的努力程度，但是可以观测到工人的产出，且如果工人努力工作，一定会有 $R(e_h)$，如果工人不努力工作，则产出为 $R(e_s)$。如果结果为 $R(e_h)$，老板开出工资 w_h，否则开工资 $w_s, w_h > w_s$。工人努力工作有个负效用，记为 $-e_h$，而偷懒没有负效用。（读者可以自行画出该动态博弈的扩展式表述图）

我们采用逆推法来分析这个博弈。在第 3 阶段，工人选择是否要努力工作。如果努力工作，其收益为：$w_h - e_h$，如果不努力工作，其收益为 w_s，因此，工人努力工作的条件是 $w_h - e_h > w_s$，即 $w_h - w_s > e_h$，即工人努力工作与偷懒的工资之差要足以弥补其努力工作的负效应。这一条件也叫"激励相容"条件，因为假定老板的目标是使工人努力工作获得更高的产出，而在上述条件下，工人也愿意去努力工作。在第 2 阶段，工人决定是否要接受委托。假设工人不接受委托而自我雇佣的收入为 o，该收入构成了工人接受委托的机会成本，那么，其接受委托的条件是 $w_h - e_h > o$，且 $w_s > o$。该条件被称作"参与约束"条件。在第 1 阶段，老板决定是否要委托。如果不委托，不能产生收益，即 $R(0) = 0$，如果委托，那么，如果工人努力工作，其收益为 $R(e_h) - w_h$；如果工人偷懒，其收益为 $R(e_s) - w_s$。老板雇佣工人的条件是 $R(e_h) - w_h > 0, R(e_s) - w_s > 0$。因此，在上述完全且完美信息动态博弈中，当激励相容条件和参与约束条件以及老板雇佣工人的条件满足，那么，该博弈的子博弈完美纳什均衡是（委托，接受—努力工作）。

考虑一个更直观的例子，假设上述委托代理模型中，工人努力程度与产出之间的函数关系为 $R(e) = 9e^{0.5}, e_h = 16, e_s = 4, w_h = 20, w_s = 3,$

$o=2$。此时,激励相容条件、参与约束条件以及雇佣员工条件均可得到满足,因而,该委托代理模型的子博弈完美纳什均衡为(委托,接受—努力工作)。读者可以尝试改变上述参数,看看子博弈完美纳什均衡有没有变化。

▶▶▶ 本章小结

1. 完全且完美信息动态博弈是指博弈各方对不同行动组合之下的收益为共同知识,且后行动者知道先行动者所采取的行动。完美信息动态博弈中的纯策略是指博弈各方在其所有决策节之下的完整行动组合。

2. 完全且完美信息动态博弈可以转化为规范式表述的完全信息静态博弈,并与后者具有相同的纯策略纳什均衡。因此,我们可以运用动态博弈对应的完全信息静态博弈来求解纯策略纳什均衡。

3. 完全且完美信息动态博弈的纯策略纳什均衡可能包含一些不可置信的承诺/威胁。子博弈完美纳什均衡则剔除了纯策略纳什均衡中存在不可置信承诺/威胁的行动。一个纯策略纳什均衡要成为子博弈完美纳什均衡,要求其在完美信息动态博弈的所有子博弈中构成纳什均衡。逆推法是求解子博弈完美纳什均衡的最基本方法,可以剔除完美信息动态博弈中的不可置信的行动。

4. 斯塔克尔伯格模型中,领导企业先决定产量,跟随企业观察到领导企业的产量后做出自己的产量决定。采用逆推法,即先求跟随企业针对领导企业产量的反应函数,然后领导企业将该反应函数纳入自己的利润最大化行为分析之中,可以获得其子博弈完美纳什均衡。

▶▶▶ 术 语

完全且完美信息　动态博弈　动态博弈的纯策略　子博弈
子博弈完美纳什均衡　逆推法

▶▶▶ 习 题

1. 找出如下完全且完美信息动态博弈的纯策略,将其表述为规范式博弈,求出其纯策略纳什均衡,并对其进行分析。

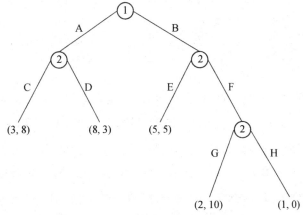

2. 题1所示博弈有几个子博弈?采用逆推法求出题1所示完美信息动态博弈的逆推解,并求出其子博弈完美纳什均衡。

3. 写出如下动态博弈的纯策略、纯策略纳什均衡、子博弈个数,并用逆推法求解子博弈完美纳什均衡。

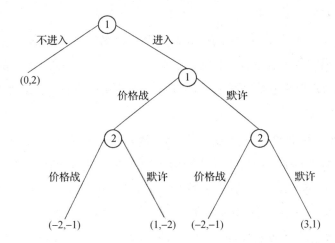

4.【劳资博弈】工会代表工人利益就工资水平与资本家进行博弈。工会先行动,通过选择一个工资水平 w 来最大化其效用,且 $U = \ln w + L$,其中 L 为企业雇佣工人数。企业后行动,在工会给出的工资水平 w 下选择雇佣工人数量 L 来最大化自己的利润。假定企业生产只有一种投入,工人的劳动。生产函数为 $R = 2L^{0.5}$,生产成本为 wL。产品价格由竞争性产品市场决定,假定为 1。求该动态博弈的逆向归纳解。

5.【序贯谈判】考虑如下分钱博弈:组织者给 10 元钱给 A,由 A 分一笔钱 x 给 B,$x \in [0, 10]$。如果 B 同意 A 的分配方案,A 得 $10 - x$ 元,B 得 x 元;否则,A 得 0 元,B 被罚 1 元。求该博弈的逆向归纳解。

6. 张三和李四分 10 个硬币,每个硬币 1 元。博弈分两步:先由张三把硬币分为两份;然后由李四选择一份给自己,另一份给张三。请分析该博弈的子博弈完美纳什均衡。

7.【海盗分钱】5 个海盗抢到 100 枚金币,开始分钱。5 个海盗都很聪明和自私,都想尽可能获得最多的金币数。博弈规则:(1)首先由船长来提出分配方案,所有的海盗对该方案进行投票(船长自己也投票),如果半数同意该方案,那么按照该方案进行分钱。(2)如果达不到一半的支持,那么船长被处死,由职位次高的海盗来取代船长(海盗有严格的等级次序,由高到低为 A, B, C, D, E)。海盗们的偏好依次为:每个海盗首先需要活下来,然后,在活下来的前提下,最大化自己的金币数量。

请问:在子博弈完美纳什均衡下,最初那个船长可以获得的最多金币数量是多少?(提示,采用逆向归纳法进行推理,如果三个船长被处死,仅存两个海盗时方案通过的情况,然后用以求解只有两个船长被处死时的分配方案,由此类推。)

8.【幸存者博弈】哥伦比亚广播公司的户外生存节目《生存者:泰

国》第 6 集有如下博弈（稍作修改）：两个部落之间的地面上插着 11 面旗。两个部落轮流取走这些旗。每个部落轮到自己时，可以选择移走 1 面、2 面或者 3 面旗。拿走最后那面旗的部落将获胜。最后这面旗可以在最后一次移走的多面旗中的一面。请问，你如果是先取旗的部落，你应该取走几面旗？如果地面上插着 10 面旗，先取旗者应该取走几面旗？

完全非完美信息动态博弈

1. 理解完全非完美信息动态博弈的概念。

2. 掌握完全非完美信息动态博弈中的策略以及等价的规
   范式表述。

3. 会求解完全非完美信息动态博弈的子博弈完美纳什
   均衡。

4. 了解采用逆推法求解完全信息动态博弈的局限性。

　　本章介绍完全非完美信息动态博弈,包括两种情形:在动态博弈
的某个阶段存在同时行动以及至少有一方不知道此前博弈方的行动
选择。本章还将介绍完全非完美信息动态博弈的两个应用:银行挤兑
和国际关税竞争,以及关于完全信息动态博弈的一些拓展分析,包括:
逆推法的缺陷、顺推归纳法以及颤抖的手均衡。

4.1　存在同时行动的非完美信息博弈

　　完全非完美信息动态博弈意味着不同策略组合下各自的收益为

共同知识,但是关于博弈的步骤并非是共同知识。换言之,在完全非完美信息动态博弈中,至少有一方不知道另一方在某个阶段所采取的行动。这里包括两种情形:第一种情形为行动方知道此前阶段的博弈信息,即知道先采取行动者的行动选择,但是不知道与其同时行动的另一方所采取的行动;第二种情况为后行动者不知道先行动者的行动选择。我们先看存在同时行动这类型的完全非完美信息动态博弈。

存在同时行动的两阶段完全非完美信息动态博弈的博弈次序如下:

第 1 阶段:先行动者 A 和 B 同时从其可行集中选择行动 a 和 b;

第 2 阶段:后行动者 C 和 D 在观察到 a 和 b 后,同时在各自的可行集中选择行动 c 和 d;所有行动者在策略组合 a,b,c,d 之下获得各自的收益。

其中第 1 阶段和第 2 阶段的行动者可以相同。对于这类完全非完美信息动态博弈,我们同样采取逆推法求解。具体思路为:

在第 2 阶段,博弈方 C 和 D 在给定第 1 阶段 A 和 B 的策略选择 (a,b) 下选择各自最优的行动,即 C 和 D 针对任意 (a,b) 的反应函数;

在第 1 阶段,博弈方 A 和 B 考虑 C 和 D 的反应函数,选择各自最优的 c 和 d。

由此,我们可以得到存在同时行动的完全非完美信息动态博弈的子博弈完美解。由此得到的子博弈完美纳什均衡排除了不可置信的威胁或承诺。

4.2　应用举例

4.2.1　银行挤兑

假想两个储户把一笔资金 D 存入一家银行,而银行则把这笔钱进行项目投资。到期以后可以连本带息获得大小为 R 的回报。如在到期以前收回资金,则仅能收回部分资金 r。其中 $R/2 > D > r/2$,且 $r > D$。因此,这里的博弈可以分为两个阶段:项目到期之前和项目到期之后。储户可以在项目到期之前提款,也可以在项目到期之后提款。如果两个储户都在项目到期之前提款,那么挤兑发生,每个储户仅能获得 $r/2$ 的资金;如果只有一个储户要求在到期之前进行提款,那么,该储户将获得 D,而另一个储户则获得 $r-D$;如果两个储户在项目到期之前都不提款,那么,博弈进入项目到期阶段。在此阶段,如果两个储户都要求提款,则各自获得收益为 $R/2$;一方要求提款,而另一方不提款,那么提款者获得 $R-D$,不提款者获得 D;如果两个储户都要求不提款,则各自收益都为 R。

为了更直观,我们可以画出该两阶段完全非完美信息的扩展式表述,如图 4-1 所示。

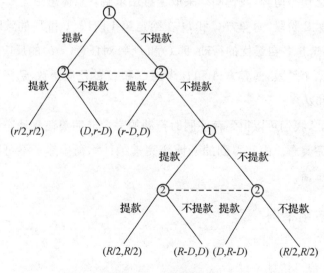

图 4-1　银行挤兑

对于这个动态博弈,我们采取逆向归纳的方法来求解。显然,第2阶段的博弈存在一个唯一的纳什均衡(提款,提款),即两位储户都选择提款。因此,这个两阶段动态博弈可以简化为一个动态博弈,如图4-2所示。对于该博弈,我们可以将其转化为与其等价的规范式表述进行分析。结果发现给定第二阶段博弈双方选择(提款,提款),第一阶段博弈存在两个纳什均衡:(提款,提款)和(不提款,不提款)。因此,该动态博弈的子博弈完美纳什均衡是:(1)储户1在第1阶段选择提款,在第2阶段选择提款;储户2在第1阶段选择提款,在第2阶段选择提款。(2)储户1在第1阶段选择不提款,在第2阶段选择提款;储户2在第1阶段选择不提款,在第2阶段选择提款。

因此,当第1个子博弈完美纳什均衡出现时,银行挤兑发生了,而第1个子博弈完美纳什均衡能否发生则取决于储户2对储户1行动的判断。如果储户2认为储户1会提前提款,那么其最优选择也是提前提款。

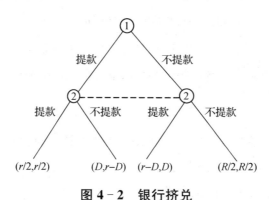

图4-2 银行挤兑

4.2.2 国际贸易和关税问题

考虑一个星球,只有两个完全相同的国家1和2,它们分别有一个企业 3 和 4,生产相同的产品,供本国和他国消费者消费。任意一国市场上的产品供应量为 Q_i,其中 $i=1,2$。该供应量由本国企业在本地销售的产量和外国企业进口到本国销售的产量构成,即 $Q_i=h_i+e_j$。产品需求函数为:$p(Q_i)=a-Q_i$。企业的边际成本为 c,生产的产出 $O_i=h_i+e_i$,即任意一国企业的产出由本国销售和出口销售构成。因此,企业的生产总成本 $C=cQ_i=c(h_i+e_i)$。企业在出口产品时需要承担关税。i 国企业出口 e_i 数量的产品给 j 国,需要向 j 国政府交纳的关税为 e_it_j,其中 t_j 为 j 国政府设定的关税税率。

该动态博弈的次序为:第 1 阶段两国政府同时设定进口关税税率;第 2 阶段两国企业在观察到关税税率之后,同时决定其供本国消费和供出口的产品数量。其中,企业以利润最大化为目标,而政府以最大化本国福利为目标。任一国家的福利由消费者剩余、企业利润和关税收入构成。我们同样采用逆推法来求解该博弈。

第 2 阶段,给定两国关税水平,任意一国企业的最大化问题为:

$$\max_{h_i,e_i}\pi_i(t_i,t_j,h_i,h_j,e_i,e_j)=\max_{h_i,e_i}p_i(Q_i)h_i+p_j(Q_j)e_i-cO_i-t_fe_i$$

把 Q_i,Q_j,O_i 代入上式,并分别对 h_i 和 e_i 求一阶导数,并令其等于 0,我们可以得到企业针对每个关税水平的最优本土和出口销售额为:

$$h_i^*=\frac{a-c+t_i}{3};e_i^*=\frac{a-c-2t_j}{3} \tag{4-1}$$

从中可以看出,本国企业的本国销量随着本国关税的提高而增加,而本国企业的出口随着外国关税的提高而以更快的速度下降。原因在于,本国企业在外国市场上的成本由于存在关税而高于外国企业,从而导致本国企业降低出口,而出口的减少又使外国市场上产品均衡价格上升,从而增加外国企业在本土的销量,从而使本国企业的出口进一步减少。

让我们回到第 1 阶段,两国政府把企业针对关税的反应函数纳入其福利最大化的分析之中。任意一国政府的最大化问题为：

$$\max_{t_i} w_i(t_i, t_j) = CS_i + \pi_i + t_i e_j = 0.5 Q_i^2 + \pi_i^* + t_i e_j$$

把 Q_i 和 π_i^* 代入上式，对 t_i 求一阶导数，并令其等于 0，可以得到：

$$t_i^* = \frac{a-c}{3} \qquad (4-2)$$

进一步将其代入企业的反应函数，可以得到企业的最优本土销售量和出口量，分别为：

$$h_i^* = \frac{4(a-c)}{9}; e_i^* = \frac{a-c}{9} \qquad (4-3)$$

因此，关税问题的子博弈完美纳什均衡为 $(t_1^*, t_2^*, h_1^*, e_1^*, h_2^*, e_2^*)$。但是，这个解并不是全世界福利最大化时的最优解。全世界福利最大化问题为：

$$\max_{t_1, t_2} w_1(t_1, t_2) + w_2(t_1, t_2)$$

此时，$t_1 = t_2 = 0$。每个国家市场上的供应量为 $2(a-c)/3$，即古诺模型下的结果。之所以这样，是因为此时就像一个国家中有两家企业进行产量竞争。比较存在关税时的子博弈完美纳什均衡可知，关税降低了每个市场上的产品数量，提高了产品价格，降低了社会总福利水平。因此，政府之间签订一个零关税的自由贸易协议有助于提高两个国家的福利水平。

4.3 关于博弈步骤的非完美信息博弈

第 2 类完全非完美信息动态博弈涉及博弈双方关于博弈步骤的信息差异。在完全非完美信息动态博弈中，后行动者往往不知道（或者不完全知道）先行动者的行动选择。以囚徒困境为例，我们可以将其表述为一个完全非完美信息动态博弈，如图 4-3 所示。其中，囚徒 2 在采取行动时并不知道囚徒 1 在第 1 阶段到底是选择了"坦白"，还是"抗拒"。因此,后行动者囚徒 2 的决策节是连在一起的。在完全非完美信息动态博弈中,我们用虚线把决策节连在一起,表示缺乏信息的一方并不知道此前的行动。换言之,轮到后行动者行动时,他不知道自己站在哪个决策点。

从动态博弈的扩展式表述来看,完美信息和非完美信息的区别在于,前者的信息集只包含一个决策节,而后者则至少存在两个决策节。一个完全非完美信息动态博弈的扩展式表述中至少有一个信息集包含两个决策节。

完全非完美信息动态博弈中具有非完美信息博弈方的纯策略为该博弈方在其信息集下的策略选择。例如,在图 4-3 所示的囚徒困境的扩展式表述中,囚徒 2 的纯策略与囚徒 1 的纯策略一致,为"坦白"和"抗拒"。原因是,囚徒 2 的信息集包含两个决策节,此时他不知道自己处于哪个决策节,因而其纯策略只能是"坦白"和"抗拒",而非像完全且完美信息动态博弈下那样为"坦白"和"抗拒"在两个决策节下的组合。

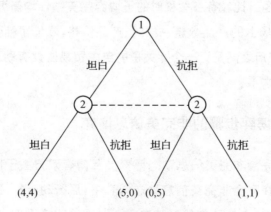

图 4-3 囚徒困境的扩展式表述

扩展式表述下动态博弈的子博弈必须始于某个仅有单个决策节

的信息集,它包含此后的所有决策节和终点节,且此后的博弈中博弈方的任何信息集不存在分割,即信息集不被分割在始于另一个仅有单个决策节的博弈中。为了说明这一点,我们先考虑囚徒困境的扩展式表述。由于囚徒 2 的信息集包含两个决策节,始于囚徒 2 的决策节以后的博弈并不是该动态博弈的一个子博弈。因此,图 4-3 所示的扩展式表述的囚徒困境仅有一个子博弈,即该博弈本身。

图 4-4 给出了一个更复杂的动态博弈的扩展式表述。该动态博弈有两个子博弈,分别为第 3 阶段博弈方 3 的决策节以后的博弈以及原博弈本身,即图中两个方框中的博弈。值得注意的是,博弈方 2 知道博弈方 1 在第 1 阶段的行动选择;在第 3 阶段,博弈方 3 不完全知道博弈方 2 在第 2 阶段的行动选择,即知道自己是否位于最右边的那个子博弈下的决策节。如果博弈方 3 知道自己位于该决策节,那么,他也知道博弈方 1 在第 1 阶段的行动选择,否则,他不知道博弈方 1 在第 1 阶段的行动选择。

值得进一步分析的是,图 4-4 所示动态博弈的各方纯策略是什么。显然,博弈方 1 的纯策略是 (L, R)。博弈方 2 的纯策略是 $(U-U, U-D, D-U, D-D)$。但是,博弈方 3 的纯策略有点复杂。由于博弈

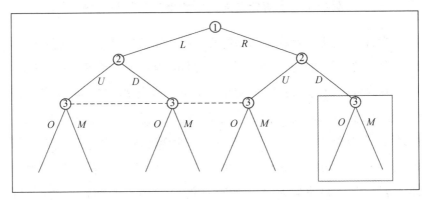

图 4-4 完全非完美信息动态博弈的子博弈

方 3 在左边的 3 个决策节之下并不知道博弈方 2 的选择,因而只能选
O 或者 M,但是在最右边那个决策节之下知道博弈方 2 的选择,此时
也可以选择 O 或者 M,因此,博弈方 3 的纯策略为 $(O-O, O-M, M-$
$O, M-M)$,其中,每个纯策略下的第一个行动表示博弈方 3 在前三个
决策节下的选择,第二个行动为其在最后一个决策节下的选择。

在完全非完美动态博弈中,如果一个纳什均衡不仅在整个博弈中
构成纳什均衡,也在该动态博弈的每个子博弈中构成纳什均衡,那么,
该纳什均衡为该完全非完美信息动态博弈的子博弈纳什均衡。

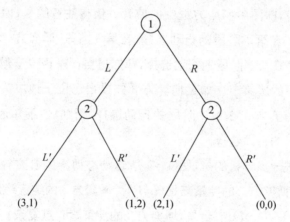

图4-5 子博弈完美纳什均衡与逆向归纳解

最后,我们进一步区分动态博弈中的子博弈完美纳什均衡和逆向
归纳解。逆向归纳解是采取逆推法获得的博弈方在博弈各个阶段实
际采取的行动,而子博弈完美纳什均衡不仅包括博弈方实际采取的行
动,也包含在偏离均衡路径的子博弈中的最优行动选择。具体而言,
如图 4-5 中粗线所示,该完全信息动态博弈的逆向归纳解为 (R, L'),
而其子博弈完美纳什均衡为 $(R, R'-L')$,后者包括在博弈方 1 在第 1
阶段选 L 以后的博弈方 2 选择行动的子博弈上的纳什均衡,即策
略 R'。

4.4　一些拓展

　　逆推法是求解完全信息动态博弈子博弈完美纳什均衡的最基本方法,可以排除掉那些包含不可置信承诺或者不可置信威胁的纳什均衡。但是,采取逆推法求解完全信息动态博弈要求交易双方具有完全的理性,要求博弈各方的策略以及策略组合下各方的收益、博弈的步骤为共同知识。在一些复杂的动态博弈中,这些条件往往无法满足。不仅如此,类似于囚徒困境,基于个体理性的逆推法也会导致非理性的结果。下面,我们来看看逆推法存在的问题。

4.4.1　蜈蚣博弈

　　考虑如图 4-6 所示的双人 100 阶段的完全且完美信息动态博弈。在每一个阶段,两个博弈方均有两个策略:(D,R) 和 (d,r)。例如,在第 1 阶段,1 采取行动,选择 D,或者 R。如果 1 选择 D,博弈结束,1 和 2 各自获得 1 个单位的收益;如果 1 选择 R,博弈进入第 2 阶段。第 2 阶段由博弈方 2 采取行动。2 如果选 d,博弈结束,1 和 2 的收益分别为 0 和 3;2 如果选 r,博弈进入第 3 阶段。第 3 阶段由博弈方 1 采取行动……博弈方 1 和博弈方 2 如此轮番采取行动,直至博弈的第 100 阶段,由博弈方 2 采取行动。如果 2 选择 d,博弈结束,博弈方 1 和 2 分别获得的收益为 98 和 101;如果 2 选择 r,博弈亦结束,博弈方 1 和 2 分别获得的收益为 100。

　　对于这样一个动态博弈,我们可以采取逆向归纳的方法求解。在第 100 阶段,博弈方 2 的最优策略为 d,因为他选 d 获得的收益为 101,比他选 r 的收益 100 要高。给定博弈方 2 在最后一个阶段选 d,博弈方 1 在第 99 阶段将选 D,因为由此获得的收益为 99,比他选 R 最后获得的收益 98 要高。给定博弈方 1 在第 99 阶段选 D,2 在第 98 阶段将选择 d,从而获得一个比选 r 更高的收益。如果以此类推下去,我们可以知道,该蜈蚣博弈的逆向归纳解为博弈方 1 在第 1 阶段选 D,结束博弈,双方各自获得 1 个单位的收益。该博弈的子博弈完美纳什均衡为博弈方 1 在其采取行动的每个阶段选择 D,博弈方 2 在其采取行动的每个阶段选择 d。

不难看出,由逆推法得到的解下各自的收益要远远差于博弈进入后续阶段各自的收益。尽管蜈蚣博弈中各方在不同策略下的收益是刻意设定的,但是这也说明逆推法在求解完全信息动态博弈中所存在的不合理问题。

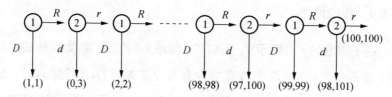

图 4-6 蜈蚣博弈

4.4.2 顺推法

顺推法是一种与逆推法不同的分析动态博弈中纳什均衡稳定性的方法。这种方法通过分析博弈方在开始阶段偏离某个均衡的行为来分析博弈方在后面博弈阶段的选择。在存在多重子博弈完美纳什均衡的完全信息动态博弈中,博弈方偏离某个均衡路径是为了在后面选择可以带来更高收益的行动。此时,该博弈方的行动不应被认为是犯错误,而是刻意为之。一旦对方意识到其行动的这种目的,就会在后阶段博弈方的行动之下选择最优的行动。

我们基于图 4-7 所示博弈来分析顺推法。博弈方 1 在第 1 阶段

有两个纯策略 D 和 R，在第 2 阶段，博弈方 1 和博弈方 2 同时行动，两者都有两个纯策略 s 和 w。如果博弈方 1 在第 1 阶段选 D，博弈结束，两者收益均为 2；如果博弈方 1 在第 1 阶段选择 R，博弈进入第 2 阶段。此时，各博弈方在不同策略组合下的收益如图 4 - 7 所示。对于该完全非完美信息动态博弈，我们可以将其转换成如图 4 - 8 所示的规范式表述来寻找纳什均衡。

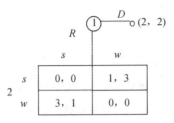

图 4 - 7 van Damme 博弈

		博弈方 2	
		w	s
博弈方 1	Dw	2,2	2,2
	Ds	2,2	2,2
	Rw	0,0	1,3
	Rs	3,1	0,0

图 4 - 8 van Damme 博弈的规范式表述

因此，这个博弈有三个纯策略纳什均衡：(Dw,s)，(Ds,s) 和 (Rs,w)。由于 (s,s) 并不能在第 2 阶段的子博弈中构成纳什均衡，因此，该博弈的子博弈完美纳什均衡为 (Dw,s) 和 (Rs,w)。这两个子博弈完美纳什均衡也可以通过逆向归纳的方法获得。顺推法从一个不同的角度来分析这两个博弈。假设博弈方 1 在第 1 阶段选择了 R，而不是 D，这并不意味着博弈方 1 在犯错误，而是说明博弈方 1 在第 2 阶段会选择 s

（既不会选择 w，也不会选择混合策略），从而达到一个比在第 1 阶段选择 D 更高的收益。给定对博弈方 1 行为的上述推理，博弈方 2 在第 2 阶段的最优行动是选择 w。考虑到上述从第 1 阶段至第 2 阶段的推理，子博弈完美纳什均衡 (Dw, s) 便不再是一个稳定的均衡，因为在上述顺推归纳之下博弈方 1 有激励在第 1 阶段偏离 D 这个策略。

4.4.3 颤抖的手均衡

在存在多重均衡的完全信息静态博弈或完全信息动态博弈中，部分均衡可能经不起某一博弈方的细微偏离该均衡中的某个策略的影响。如果在一个纳什均衡中，任一博弈方以一个极小概率偏离当前策略不会导致其他博弈方偏离当前策略，那么，我们称该纳什均衡为"颤抖的手均衡"。颤抖的手均衡不畏惧博弈方对当前策略微小的偏离，因而是更加稳定的纳什均衡。由于完全且完美信息动态博弈的扩展式表述可以转换为具有等价纯策略纳什均衡的完全信息静态博弈下的规范式表述，我们仅基于一个完全信息静态博弈来进一步阐述和寻找颤抖的手均衡。

图 4-9 描述了一个双人双策略完全信息静态博弈下的收益组合。博弈方 1 有两个策略 U 和 D，博弈方 2 有两个策略 L 和 R。显然，这个博弈存在两个纳什均衡 (U, L) 和 (D, R)。那么，这两个纳什均衡是不是颤抖的手均衡呢？对于第一个纳什均衡 (U, L)，如果博弈方 1 以一个极小的概率，比如 0.001，偏离选择 U，那么博弈方 2 是否会保持选择 L 不变？如果博弈方 2 保持选择 L 不变，那么，我们可以说 (U, L) 是颤抖的手均衡。当博弈方 1 以 0.001 的概率偏离选择 U，即他选择 U 的概率由原来的 1，变为 0.999，此时，博弈方 2 选择 L 的期望收益为 $0.999 \times 6 + 0.001 \times 2$，选择 R 的期望收益为 $0.999 \times 6 +$

0.001×3。显然,博弈方2选择 R 比保持选择 L 要好。因此,(U,L) 无法在博弈方1以一极小概率偏离 U 时使博弈方2保持选择 L 不变,因而它不是稳定的纳什均衡,不是颤抖的手均衡。

类似地,我们可以检验 (D,R) 是否能够经受任一博弈方以细微的概率偏离当前的策略而保持稳定。采用上述类似的方法,可以得知,无论是博弈方1,还是博弈方2,他们以一个极小的概率偏离 D 或者 R,不会导致另一方的策略选择从 R 变成 L,或者从 D 变成 U。因此,(D,R) 是颤抖的手均衡。

		博弈方2	
		L	R
博弈方1	U	2,6	0,6
	D	1,2	2,3

图 4-9

对于一个存在多重纯策略纳什均衡的双人双策略完全信息静态博弈,我们可以采用一种更简单的办法来判断是不是颤抖的手均衡。进一步观察图4-9可知,在该博弈中,不是颤抖的手均衡的纳什均衡 (U,L) 中 L 为博弈方2的弱劣策略。那么,是不是由此可以推测,包含弱劣策略的纳什均衡不是颤抖的手均衡?是的。因为如果纳什均衡中的某个策略 (s_i) 对于某个博弈方 i 而言是其弱劣策略,那么在对方 j 以一个极小的正概率偏离该纳什均衡下其所对应的策略 (s_j) 时 i 的弱劣策略 (s_i) 将会变成一个严格劣策略。因此,不包含弱劣策略的纳什均衡为颤抖的手均衡。

基于上述判断,回顾存在唯一纳什均衡的囚徒困境和存在两个纯策略纳什均衡的夫妻之争,我们可以得出如下结论:仅存唯一纳什均衡的完全信息静态博弈中,该唯一的纳什均衡即为颤抖的手均衡;在夫妻之争中,两个纯策略纳什均衡都是颤抖的手均衡。这也说明,颤抖的手均衡并不一定是唯一的。

对于完全且完美信息动态博弈,我们可以先将其转化为规范式表述,找到其中的纯策略纳什均衡,检验其是否是子博弈完美纳什均衡,然后按照上述方法来寻找颤抖的手均衡。如果规范式表述中的某个子博弈完美纳什均衡包含弱劣策略,那么该纳什均衡必然不是颤抖的手均衡。对此不再赘述。

▶▶▶ **本章小结**

1. 完全非完美信息动态博弈的第一种非完美信息的情形是在博弈的同一阶段存在同时行动,第二种情形是后行动者不知道或者不完全知道先行动者的行动选择。我们可以根据后行动者的信息集是否为单个决策节来判断是否为完美信息动态博弈。

2. 完全信息动态博弈中的信息集是指后行动者关于自己所处决策节位置的信息。非完美信息意味着后行动者的信息集至少包含两个决策节,即不知道自己所处的决策节位置。

3. 一个完全信息静态博弈可以表述为一个完全非完美信息动态博弈,它们有着共同的纯策略纳什均衡。我们可以采取逆推法求解完全非完美信息动态博弈。

4. 在非完美信息动态博弈中,一个子博弈是指始于初始决策节点之后的某个决节点的其余部分,其中该节点之前整个博弈的进行过程对于所有参与人而言是共同知识。子博弈必须是一个完整独立的博弈,其所有信息集不能包含该博弈之外的决策节。

5. 银行挤兑可以用一个存在同时行动的非完美信息动态博弈来刻画。挤兑和不挤兑都可以成为该博弈的子博弈完美纳什均衡,最终取决于投资者对其他投资者行动的预期。

6. 采取逆推法求解完全信息动态博弈对博弈方的理性要求很高,也会导致一些不合理的纳什均衡。蜈蚣博弈说明了逆推法会产生不合理的博弈解。颤抖的手均衡和顺推法拓展了逆推法的不足。

▶▶▶ 术 语

信息集 非完美信息 非完美信息博弈中的纯策略 颤抖的手均衡 非完美信息博弈中的子博弈

▶▶▶ 习 题

1. 分析如下非完美信息动态博弈的纯策略、纯策略纳什均衡、子博弈以及子博弈完美纳什均衡。

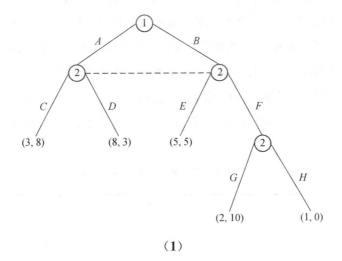

（1）

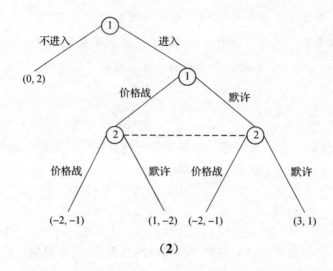

（2）

2. 考虑两阶段斯塔克尔伯格模型。现假定跟随者企业有两家：企业 2 和企业 3，同时决定产量。需求函数为 $P=8-Q$，其中 $Q=q_1+q_2+q_3$。领导者企业 1 先决定产量，然后跟随者企业同时决定产量。求该动态博弈的逆向归纳解、产品价格以及各企业利润。

3. 在国际贸易和关税博弈中，假设 $a=8,c=2$。请分别写出企业的利润函数和政府的社会总福利函数，并用逆推法求解子博弈纳什均衡。

4. 求解如下博弈的纳什均衡和颤抖的手均衡。

		博弈方 2	
		L	R
博弈方 1	U	2,4	1,4
	M	1,2	3,4
	D	1,1	5,1

5. 求如下完全且完美信息动态博弈的纳什均衡、子博弈完美纳什均衡和颤抖的手均衡。

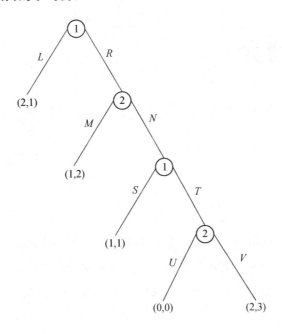

重复博弈

1. 理解重复博弈的基本概念。
2. 理解不同类型博弈的重复博弈的子博弈完美纳什均衡。
3. 计算重复博弈中博弈方实现合作的条件。
4. 会设计简单的策略来实现博弈双方的合作。

现实生活中,个人之间、企业之间以及个人和企业之间的交往、交易或者互动往往是重复进行的。小区门口的商店与小区居民之间进行着重复的交易关系;联想公司和苹果公司在笔记本电脑市场上进行重复竞争。前面的章节表明,在一次性博弈中,企业之间、个体之间往往很难形成合作关系。那么,在重复的市场关系中,企业或者个体之间能否保持良好的合作关系呢? 本章介绍重复博弈下经济决策者的行为差异、合作的各种可能、制约条件以及相关应用。

5.1 基本概念

重复博弈,即由博弈方对某一静态或者动态博弈进行有限次或者无限次博弈,其中的每一次博弈为原博弈,记为 G。原博弈重复有限次的博弈为有限次重复博弈,记为 $G(t)$,其中 t 为重复博弈次数;原博弈重复无限次的博弈为无限次重复博弈,记为 $G(\infty)$。我们把原博弈的每一次博弈称为重复博弈的一个阶段,把从第 1 阶段之后的任何一个阶段开始的重复博弈称为原重复博弈的一个子博弈。因此,重复博弈是完全信息动态博弈的一种。

类似于完全信息动态博弈,重复博弈中博弈方的纯策略为该博弈方在每阶段博弈中可采取的所有行动方案的集合。例如,两次重复囚徒困境中任意一个嫌疑犯的纯策略为(坦白-坦白,坦白-抗拒,抗拒-坦白,抗拒-抗拒)。其中,每个纯策略中的两个策略分别为囚徒在第一阶段和第二阶段重复博弈中的行动选择。

原博弈每进行一次,将会给博弈各方带来一个收益。我们记第 t 次进行原博弈的收益为 $V_t(s_i, s_{-i})$。为了计算重复博弈给各博弈方带来的总收益,我们进一步引入时间因素。假如贴现系数为 δ,$0 < \delta < 1$,即 1 期后的 1 元钱相当于当前的 δ 元。那么,T 次重复原博弈 G 的总收益和平均收益分别为:

$$TV = \sum_{T=1}^{t} V_T \delta^{T-1}; AV = \frac{1}{t} \sum_{T=1}^{t} V_T \delta^{T-1}$$

无限次重复原博弈 G 的总收益和平均收益分别为:

$$TV = \sum_{T=1}^{\infty} V_T \delta^{T-1}; AV = (1-\delta) \sum_{T=1}^{t} V_T \delta^{T-1}$$

在有限次重复博弈中,为了简化分析,我们可以不考虑贴现因素。而在无限次重复博弈中,我们必须考虑贴现因素。

下面我们进一步对重复博弈的子博弈完美纳什均衡进行定义。在一个重复博弈中,如果某个纳什均衡不仅在整个重复博弈中构成纳什均衡,也在其所有子博弈中构成纳什均衡,那么该纳什均衡为该重复博弈的子博弈完美纳什均衡。

5.2 有限次重复博弈

5.2.1 原博弈为零和博弈

在零和博弈的有限次重复博弈中,博弈方将在每次重复博弈中采取与零和博弈一样的混合策略。例如,在猜硬币的有限次重复博弈中,盖硬币方和猜硬币方将在每一次重复博弈中分别以 1/2 的概率盖正面和猜正面。零和博弈的重复博弈之所以会在每次博弈中重复零和博弈的纳什均衡,是因为在这类博弈中,一方所得即为另一方所失。无论博弈重复多少次,不会给博弈方带来任何合作的空间。更直观一点的例子是赌博。赌一次,还是重复赌,赌徒总是在每一局中采取最大化自己收益的策略。

5.2.2 原博弈具有唯一纯策略纳什均衡

如果原博弈只有一个纯策略纳什均衡,那么,有限次重复该博弈时博弈方将在每次博弈中采取与原博弈相同的策略,即每次博弈中各方的策略组合即为原博弈的唯一纯策略纳什均衡。例如,有限次重复囚徒困境博弈的结果是嫌疑犯在每次博弈中均采取"坦白"策略。有限次重复古诺模型的结果是每家企业在每次博弈中均采取不合作的高产量。由于该有限次重复博弈为完全且完美信息动态博弈,我们可以采取逆向归纳法进行求解。很容易可以验证,在最后一个阶段,博弈双方的最优策略组合即为原博弈的唯一纳什均衡。给定最后一个阶段的上述选择,博弈各方在倒数第二阶段的最后策略组合仍为原博弈的唯一纳什均衡。因此,具有唯一纯策略纳什均衡的有限次重复博弈的子博弈完美纳什均衡为博弈方在每一个博弈阶段采取该唯一纯策略纳什均衡。

5.2.3 原博弈具有多重纯策略纳什均衡

1) 价格竞争重复

考虑原博弈为图5-1的2次重复博弈。显然,该原博弈存在两个纯策略纳什均衡(M,M)和(L,L)。但是,我们可以看出,尽管双方出"高价"可以给两家企业带来更高的收益,但是,由于它不是纳什均衡,因而在一次博弈中不会被选取。在有限次重复博弈中,两种纯策略纳什均衡以及混合策略纳什均衡都有可能在每次重复博弈中出现。那么,在重复博弈中,是否可以使两家企业形成合作,在早期博弈中都选择高价?

		企业 2		
		高价(H)	中价(M)	低价(L)
企业 1	高价(H)	6,6	0,7	0,2
	中价(M)	7,0	3,3	0,2
	低价(L)	2,0	2,0	1,1

图 5-1 三价博弈

我们仅考虑两次重复图5-1三价博弈时的合作可能。考虑两家企业采取如下相同的触发策略:在第一次博弈中选择高价,即H,如果第1次博弈的结果是(H,H),那么在第2次博弈中选择M,否则在第2次博弈中选择L。如果双方都遵守该触发策略之下,2次重复三价博弈的结果是:$(H-M,H-M)$,即第1次博弈结果为(H,H),第2次博弈结果为(M,M),博弈各方的总收益为9。那么,该触发策略是否可以使$(H-M,H-M)$实现,关键在于给定一家企业选择该触发策略,另一方是否也愿意选择该触发策略。

假定企业 1 遵守该触发策略,而企业 2 在第 1 阶段偏离该触发策略,没有选择 H,而是选择了 M,那么第 1 次博弈的实际结果为 (H, M)。由于第 1 阶段的结果不是 (H, H),企业 1 在第 2 次博弈中选择 L。给定企业 1 在第 2 次博弈选择 L,企业 2 在第 2 次博弈中的最优选择也是 L。此时第 2 次博弈的结果是 (L, L),企业 1 的总收益为 1,企业 2 的总收益为 8。由于企业 2 在第 1 次博弈中偏离 H 导致的最终收益(即 8)小于遵守该触发策略(即 9),企业 2 愿意去遵守该触发策略。因此,在上述触发策略中,企业 1 或者企业 2 在第 2 次博弈中选择低价,相当于是对任何一方在第 1 次博弈中偏离 H 的惩罚,而都选择中价则是对双方在第 1 次博弈中选择 H 的奖励。一旦一方偏离合作,另一方立即发起惩罚。

但是,值得注意的是,给定一家企业(如企业 2)在第 1 次博弈中偏离 H 这一事实,另一家企业(即企业 1)发起惩罚选择 L 是一个不可置信的威胁。因为此时另一家企业(即企业 1)选择 M 会使自己更好,而发起惩罚选择 L,虽然惩罚了对方,但也同时惩罚了自己。如果在第 2 次博弈中,惩罚不被执行,即两家企业都会选择 M,那么,给定一家企业(如企业 1)在第 1 次博弈中选择 H,企业 2 有激励在第 1 次博弈中不选 H,而是选 M,因为在这种情况下企业 2 偏离 H 的收益为 10(即 7+3),高于选 H 时的总收益 9。

如果两家企业都认识到第 2 次博弈中的惩罚机制是不可置信的,那么,第 1 次博弈双方不会达成都选择高价策略的合作。因此,上述触发策略实现的结果是 ($M-M$, $M-M$)。换言之,由于该触发策略包含一个不可置信的威胁,它并不能促进两企业在第 1 阶段实现合作。

由以上分析可知,触发战略是否能够促进合作,关键在于其中是否包含一些可置信的惩罚机制。如果遵守触发战略在早期博弈中选择合作的一方能够在对方偏离合作时在接下来的博弈中实施有效的惩罚,那么,该触发战略可以使合作成为有限次重复博弈的子博弈完美纳什均衡中的早期策略。对此,我们对图5-1稍作修改便可得知,如图5-2所示,每个企业还有P和Q两个策略,其中,在(P,P)之下,企业1的收益更高,而在(Q,Q)策略组合之下,企业2的收益更高。

显然,此时策略组合(P,P)和(Q,Q)也是纳什均衡。我们可以设定如下触发策略,使两次重复图5-2所示博弈时,企业1和企业2能在第1次博弈中都选择H:

① 企业1在第1次博弈中选择H,如果第1次博弈的结果为(H,H),在第2次博弈中选择M,否则选择P;

② 企业2在第1次博弈中选择H,如果第1次博弈的结果为(H,H),在第2次博弈中选择M,否则选择Q。

之所以该触发策略能够促成两家企业在第1次博弈中的合作,是因为:

① 对于企业2在第1次博弈中的偏离行为,企业1在第2次博弈中选择P的威胁是可置信的——企业进行惩罚可以比不惩罚,即选择M获得更高的收益;

② 同样对于企业1在第1次博弈的偏离行为,企业2在第2次博弈中选择Q的惩罚也是可置信的。

		企业2				
		H	M	L	P	Q
企业1	H	6,6	0,7	0,2	0,0	0,0
	M	7,0	3,3	0,2	0,0	0,0
	L	2,0	2,0	1,1	0,0	0,0
	P	0,0	0,0	0,0	4,1	0,0
	Q	0,0	0,0	0,0	0,0	1,4

图5-2 多价博弈

2) 市场进入重复博弈

我们进一步考虑原博弈为图5-3所示的重复博弈问题。图5-3为市场进入选择博弈。企业1和企业2在两个市场 A 和 B 之间做出进入选择。企业1和企业2同时进入 A 市场时各自可以获得3个单位的收益;企业1和企业2分别进入不同市场时,进入 A 市场的企业获得1个单位的收益,进入 B 市场者获得4个单位收益;两企业同时进入 B 市场时,各自收益为0。显然,该博弈有两个纯策略纳什均衡 (B,A) 和 (A,B),以及一个混合策略纳什均衡。两次重复该市场进入选择博弈的可能结果是原博弈的三个纳什均衡中的任何两个,因此有9种可能。但是,这些所有可能结果下双方的平均收益都不如非均衡策略组合 (A,A) 下双方的平均收益。那么,有没有可能使博弈双方在重复市场进入选择博弈时,在博弈的早期形成合作,都选择 A?

		企业 2	
		A	B
企业 1	A	3,3	1,4
	B	4,1	0,0

图 5‑3 两市场进入选择博弈

在两次重复博弈中,能否设计一个类似于三价博弈时的触发策略? 由于此时的纳什均衡只是一个常和收益,我们并不能在2次博弈中,设计一个惩罚机制,促使博弈双方在第1次博弈中采取合作,选择 A,因为不同的企业偏好不同的纳什均衡。但是,这并不意味着在更多次重复博弈中企业1和企业2无法在重复博弈的第1阶段实现合作。

在3次重复企业市场进入选择博弈中,我们可以设计如下触发策略:

① 企业 1 在第 1 阶段选 A;如果第 1 阶段博弈的结果为 (A,A),在第 2 阶段选择 A,否则选 B;第 3 阶段无条件选 B;

② 企业 2 在第 1 阶段选 A;如果第 1 阶段博弈的结果为 (A,A),在第 3 阶段选 A,否则选 B;第 2 阶段无条件选 B。

如果双方企业都采取上述触发策略,那么第 1 阶段出现的结果为 (A,A),第 2 阶段出现的结果为 (A,B),第 3 阶段出现的结果将为 (B,A)。企业 1 和企业 2 的总收益都是 8。问题是,该触发策略是否能够自我维系,即愿意被两企业所采用? 对此的回答,关键是给定一方的上述触发策略,另一方是否有激励去偏离上述均衡。

假设企业 1 在第 1 阶段选择 A,但是企业 2 偏离 A。此时,第 1 阶段博弈的实际结果为 (A,B)。由于 (A,A) 没有出现,企业 1 在第 2 阶段选择 B,在第 3 阶段选择 B。对此,企业 2 在第 2 阶段的最优选择为 A,第 3 阶段转而选择 A,因而第 2 和第 3 阶段博弈的结果为 (B,A) 和 (B,A)。结果,企业 2 偏离触发策略的总收益为 $4+1+1=6$,小于采取触发策略时的总收益 8;而企业 1 坚持触发策略的收益为 $1+4+4=9$,高于双方都采取触发策略时的总收益 8。类似地,如果企业 2 采取触发策略,企业 1 也愿意采取触发策略。因此,上述触发策略是可以自我维系的,因为给定一方采取该触发策略,另一方没有偏离的激励。

类似地,我们可以采取触发策略使两家企业在更长期的重复博弈中保持较长的合作。例如,在 10 次重复博弈中,可以实现 8 次合作,每家企业的平均收益为 2.9(即 $(8\times3+4+1)/10=2.9$);20 次重复博弈,可以实现前 18 次合作,每家企业的平均收益为 2.95(即 $(18\times3+4+1)/20=2.95$);50 次重复博弈可以实现 48 次合作,企业平均收益为 2.98……由此可以发现,随着重复博弈次数的增加,两家企业的平均收益不断接近合作收益 3,尽管 (A,A) 并不是原博弈的一个纳什均衡。当两市场进入选择博弈重复的次数超过 2 次,触发策略可以使合作成为重复博弈前期的均衡路径,$(A-A-\cdots-A-A-B,A-A-\cdots-A-B-A)$ 构成了重复博弈的子博弈完美纳什均衡。

5.2.4　有限次重复博弈的民间定理(folk theorem)

根据上面的分析可知,对于一个存在多重纯战略纳什均衡的原博弈的重复博弈,可以通过设计一定的机制来保证一些在原博弈中处于非均衡路径上的高效率策略组合能够在重复博弈的某些阶段得以实现。不仅如此,随着重复博弈次数的不断增加,高效率策略组合下的收益不断成为重复博弈中博弈方的收益均值。这里的机制如前文提到的触发战略。

定义个体理性收益为原博弈中博弈方能够得到的最低收益,该收益由原博弈的纳什均衡决定。例如,在两市场进入选择博弈中任意一个企业能够实现的最低收益为 1,即该博弈的个体理性收益。再定义可实现收益为原博弈中任一企业潜在可能的收益。例如,在两市场进入选择博弈中,$(0,0)$、$(1,4)$、$(4,1)$、$(3,3)$ 以及这些不同收益的加权值,都是可实现收益。由此,我们可以得到有限次重复博弈的民间定理:

给定一个存在多重纳什均衡的完全信息静态博弈,如果重复博弈的次数足够多,有限次重复博弈必然存在一个子博弈完美纳什均衡,其实现的平均收益可以近似于任何一个高于个体理性收益的可实现收益。

正如两市场进入选择博弈中,$(3,3)$ 是一个效率更高的结果,但是它并不是纳什均衡。通过采取触发战略,在 3 次重复博弈中可以实现两企业在第 1 阶段选择可以获得 3 个单位收益的策略 A,而且随着重复博弈次数的增加,更多的合作可能出现,企业获得的平均收益不断接近 3。

5.3 无限次重复博弈

5.3.1 原博弈为零和博弈

类似于有限次重复博弈,在两人零和博弈的无限次重复博弈中,博弈双方均在博弈的每一阶段采取与原博弈相同的策略。原因在于在这类博弈中,不存在博弈双方合作的空间,因而无论博弈重复多少次,博弈方每次博弈采取相同的混合策略。

5.3.2 原博弈具有唯一纯策略纳什均衡

与有限次重复博弈不同,具有唯一纯策略纳什均衡的原博弈重复无限次可以通过触发战略实现博弈各方进行合作。考虑图 5-4 中的博弈。显然,该博弈只有一个纯战略纳什均衡 (A,A),此时各方的收益均小于策略组合 (B,B)。在无限次重复博弈中,我们无法采取逆向归纳的方法求解。问题是,博弈双方在无限次重复图 5-4 博弈中是否有合作余地?

我们可以考虑如下触发(trigger)策略:对于任何一个博弈方,如果上一阶段博弈的结果为 (B,B),那么,当前阶段继续选择 B;否则,一直选择 A。由于 A 会产生较低的收益,在该触发战略中,选 A 是对偏离合作的惩罚。由此,在无限次重复博弈中,任一博弈方在每一阶段选择 B 的条件是,选 B 的收益现值超过了给定对方选 B,当期偏离 B 且此后一直选择 A 的各期收益现值。

根据图 5-4,给定贴现系数 $\delta,0<\delta<1$,任一博弈方在博弈的每一阶段选 B,即合作的收益现值为:

$$2+\delta 2+\delta^2 2+\delta^3 2+\cdots=2/(1-\delta)。$$

而任意一方在对方选 B,己方单独偏离 B 选 A 时的收益为 3,此后的收益为 1,因而偏离合作的收益现值为:

$$3+\delta 1+\delta^2 1+\delta^3 1+\cdots=3+\delta/(1-\delta)。$$

因此,无限次重复博弈中,博弈方选择合作的条件为:

$$2/(1-\delta)\geqslant 3+\delta/(1-\delta)。$$

该条件即为: $\delta\geqslant 0.5$。换言之,如果贴现系数大于 0.5,那么,上述触发策略可以使博弈双方在每一个阶段的博弈中选择合作策略,即 A,并由此,每阶段的合作构成了该无限次重复博弈的子博弈完美纳什均衡。上述分析也意味着,只要博弈方足够重视未来收益,那么无限次重复博弈可以激励合作。

		博弈方 2	
		A	B
博弈方 1	A	1,1	3,0
	B	0,3	2,2

图 5-4

对图 5-4 所示的博弈,在无限次重复博弈中,为了促进博弈双方的合作,我们还可以考虑如下针锋相对(tit for tat)策略:

博弈方 i 在任何一个阶段可以处于两种状态:正常状态和报复状态;

① 在正常状态博弈方 i 合作(即选择 B);

② 在报复状态博弈方 i 不合作(即选择 A);

③ 在正常状态下,博弈方 i 仅当对方在当前阶段不合作(即选择 A)时在下一阶段进入报复状态(即选择 A);

④ 在报复状态下,不管对方在当前阶段采取何种行动,博弈方 i 在下一阶段进入正常状态(即选择 B)。

针锋相对战略能够使(合作,合作)成为图5-4所示博弈的无限次重复博弈的子博弈完美纳什均衡,关键在于对于博弈方 i 而言,采取合作的总收益现值不小于偏离合作。博弈方 i 在各阶段采取合作行动的收益总现值为:

$$2/(1-\delta)$$

给定对方在当前阶段选择合作,博弈方 i 在当前阶段偏离合作,将导致下一阶段对方采取不合作行动,接下来的另一阶段转而采取合作态度,而博弈方 i 则继续采取不合作态度,如此下去,博弈方偏离合作的收益总现值为:

$$3+1\delta+3\delta^2+1\delta^3+3\delta^4+1\delta^5+\cdots=3/(1-\delta^2)+\delta/(1-\delta^2)$$

因此,针锋相对策略使合作成为博弈方 i 的子博弈完美纳什均衡的条件是:

$$2/(1-\delta)\geqslant 3/(1-\delta^2)+\delta/(1-\delta^2)$$

即: $\delta\geqslant1$。

换言之,针锋相对策略要想促进博弈双方在重复博弈的各个阶段合作,条件是贴现系数必须不小于1。由于贴现系数通常小于1,这意味着图5-4博弈框架下,针锋相对策略并不能促进双方的合作。

现实生活中并不存在无限次重复博弈。但是,我们可以把无限次重复博弈理解成博弈方不知道何时结束与对方的博弈,或者不确定是否发生重复博弈以及重复博弈的次数。贴现系数 δ 也可以理解为每次重复博弈发生的概率。这种不确定性环境下给自己留"后路"的心理类似于无限次重复博弈的情境,从而为博弈双方选择合作提供了现实基础。

对于原博弈存在多重纯策略纳什均衡的无限次重复博弈而言,博弈双方更有激励去实现合作。时间的延长,使博弈方有了更大的合作收益。只要贴现系数不是太小,即博弈方重视未来收益,那么,无限次重复博弈更能促进博弈方在具有多重纯策略纳什均衡的博弈中采取合作行动。

5.3.3 无限次重复博弈的民间定理

类似于有限次重复博弈的民间定理,无限次重复博弈的民间定理表述如下:

给定一个有限的完全信息静态博弈,如果贴现系数足够接近1,那么该博弈的无限次重复博弈必然会存在一个子博弈完美纳什均衡,其在每一阶段给博弈方带来的平均收益可以为高于个体理性收益的任何可实现收益。

贴现系数足够接近1,意味着博弈双方非常重视未来的收益。此时,如果在原博弈中存在非均衡策略组合可以给双方带来比纳什均衡下更高的收益,那么,触发战略即可实现博弈双方的合作。

5.4 应用举例

5.4.1 无限次重复古诺模型

1)触发策略下的企业合作

在古诺模型中,两家企业进行产量竞争,每一家企业都通过最大化自己利润来选择最优的产量。由于产品价格由双方的产出共同决定,企业的决策实际上是相互依赖的。换言之,企业在进行最优产出决策时会把对方的产量考虑在内。然而,两家企业进行古诺竞争,并不是最好的结果。如果两家企业联合起来进行垄断生产,每家企业生产垄断产出的一半,那么,他们可以获得比古诺竞争下更高的利润。但是,我们根据前面的分析可知,在一次或者有限次的产量博弈中,企业很难形成合作,原因是,给定一家企业选择合作,即生产垄断产出的一半,另一家企业的最优策略是偏离该产出。正如图 5－5 所示,由于偏离合作是上策,该产量博弈存在唯一的纳什均衡(不合作,不合作)。

		企业 2	
		合作(1.5)	不合作(2)
企业 1	合作(1.5)	4.5,4.5	3.375,5.062 5
	不合作(2)	5.062 5,3.375	4,4

图 5－5　两企业产量博弈

根据无限次重复博弈的民间定理,两企业进行无限次重复产量博弈可以实现合作解。考虑如下触发策略:对于任意一家企业,在第 1 阶段选择合作,即生产 1.5 单位的产出,如果 $t-1$ 阶段的博弈结果为(合作,合作),那么,在 t 阶段继续选择合作,否则,一直选择不合作。

该触发战略能否使博弈方在每一个阶段选择合作呢?关键在于它能否使每个企业在每一阶段选合作的收益现值大于偏离合作的收益现值。假定贴现系数为 δ,基于图 5－5 两企业在不同策略下的收益情况,企业进行合作的收益现值为:

$$4.5/(1-\delta)$$

给定对方选择合作,企业偏离合作的收益现值为:

$$5.062\ 5+4\delta/(1-\delta)$$

因而,合作成为两企业产量博弈的纳什均衡的条件为:

$$4.5/(1-\delta)\geqslant 5.062\ 5+4\delta/(1-\delta)$$

即 $\delta\geqslant 9/17$。也就是说,只要两家企业足够重视未来收益,那么,上述触发策略能使每阶段选择合作成为两企业进行无限次重复产量博弈的子博弈完美纳什均衡。

2) 企业间的低水平合作

当 $\delta < 9/17$ 时，进行产量博弈的企业是否还有合作的余地？实际上，通过采取类似的触发策略，可以使两家企业维持在一个低水平的合作状态，即各自生产低于古诺产出 2，但高于垄断产出一半 1.5 之间的某个产出水平 q^*。

考虑如下触发策略：在第 1 阶段生产 q^*，在第 t 阶段，如果前 $t-1$ 阶段的博弈结果为 (q^*, q^*)，那么，企业继续生产 q^*，否则生产不合作时的古诺产出 2。

该触发策略能够促进企业进行低水平合作，关键在于合作的收益现值不低于偏离合作的收益现值。当两家企业都维持 q^* 水平的合作时，每阶段博弈的利润为：

$$\pi^* = (6 - 2q^*) q^*$$

无限次重复低水平合作博弈的收益现值为：

$$\frac{\pi^*}{1-\delta} = \frac{(6-2q^*)q^*}{1-\delta}$$

给定对方选择低水平合作产出 q^*，任意一家企业偏离合作的收益为：

$$\pi_d = (6 - q^*)^2 / 4$$

该企业单独偏离低水平合作将导致此后博弈双方生产古诺产出，从而获得 4 个单位的收益。因此，任意一家企业偏离合作的收益现值为：

$$\pi_d + \frac{\delta 4}{1-\delta} = \frac{(6-q^*)^2}{4} + \frac{\delta 4}{1-\delta}$$

任意一家企业维持低水平合作的条件为合作的收益现值不小于单方偏离合作的收益现值，即：

$$\frac{\pi^*}{1-\delta} \geqslant \pi_d + \frac{\delta 4}{1-\delta}$$

由此可得:

$$q^* = 2(9-5\delta)/(9-\delta)$$

因此,我们可以得到如下三个结论:

① 当 $\delta = 0$ 时, $q^* = 2$,即企业进行古诺竞争;

② 当 $0 < \delta < 9/17$ 时, $2 > q^* > 1.5$,即企业在古诺产出和垄断产出的一半之间维持低水平合作;

③ 当 $\delta \geqslant 9/17$ 时, $q^* = 1.5$,即企业进行高水平合作,生产垄断产出的一半。

结论②说明,当贴现系数比较小时,触发策略可以使两企业在无限次重复产量博弈中实现低水平合作。

3)"胡萝卜加大棒"策略下的企业合作

下面我们进一步分析当贴现系数小于 9/17 时进行无限次重复产量博弈的企业如何通过加大惩罚力度来实现高水平合作。考虑如下"胡萝卜加大棒"策略:

在第 1 阶段生产垄断产出的一半,即 1.5;在第 t 阶段:如果在第 $t-1$ 阶段的博弈结果是高水平合作产出,即 (1.5,1.5),那么继续合作,生产垄断产出的一半;如果在第 $t-1$ 阶段的博弈结果是惩罚产出,即 (x,x),其中 $x > 2$,那么也继续合作,生产垄断产出的一半;如果在第 $t-1$ 阶段的博弈结果是其他情况,即给定一方选择合作或者惩罚产出,另一方偏离合作或者偏离惩罚产出,那么选择惩罚产出 x。

该"胡萝卜加大棒"策略能够使高水平合作成为可能,必须使任何一方偏离合作或者偏离惩罚的收益现值不大于合作或者接受惩罚的收益现值。根据上面的信息,任何一家企业偏离合作的收益现值为:

$$V_{dc} = 5.062\ 5 + \delta V_p(x)$$

其中, $V_p(x)$ 为企业偏离合作之后,先接受惩罚,然后一直保持合作的收益。企业接受惩罚时的利润为 $\pi_p = (6-2x)x$,合作的收益为 4.5,

因而,我们有:

$$V_p(x) = \pi_p + \frac{\delta}{1-\delta}\frac{\pi_m}{2} = (6-2x)x + \frac{\delta 4.5}{1-\delta}$$

因此,任何一家企业愿意合作的条件是一直合作的收益现值不小于偏离合作的收益现值,即:

$$V_c \geqslant V_{dc}$$

其中 V_c 为一直合作的收益现值。由此可以得到:

$$\delta \geqslant 0.562\ 5/(4.5-6x+2x^2) \qquad (5-1)$$

由于 $\delta \leqslant 1$,此条件意味着 $x \geqslant 2.03$。

任何一家企业,给定对方选择接受惩罚,其偏离惩罚会导致其在当期产生一个利润,$\pi_{dp}(x) = (6-x)^2/4$。根据上述"胡萝卜加大棒"策略,此后的第 1 次重复博弈中双方企业将选择生产惩罚产出 x,此后的第 2 次及其以后的重复博弈将选择合作,即生产 1.5 单位产出。因此,给定一方接受惩罚,另一方企业偏离惩罚的收益现值为:

$$V_{dp} = \pi_{dp} + \delta V_p(x) = (6-x)^2/4 + \delta\left[(6-2x)x + \frac{\delta 4.5}{1-\delta}\right]$$

因此,任何一家企业愿意接受惩罚的条件是接受惩罚的收益现值不小于偏离惩罚的收益现值,即:

$$V_p(x) \geqslant \pi_{dp} + \delta V_p(x)$$

由此可以得到:

$$\delta \geqslant \frac{9(2-x)^2}{2(3-2x)^2} \qquad (5-2)$$

同样由于 $\delta \leqslant 1$,此条件意味着 $x \geqslant 1.757$。

当贴现系数小于 9/17 时,例如等于 0.5,代入式(5-1)和式(5-2),我们可以求出,"胡萝卜加大棒"策略可以使企业合作成为企业无限次重复产量博弈的子博弈完美纳什均衡,其条件是 $2.25 \leqslant x \leqslant 3$。换言之,必须在"胡萝卜加大棒"策略中加大惩罚力度才可以使企业在贴现率较低的情况下实现合作。

5.4.2 效率工资(efficiency wage)

效率工资的基本思想是,企业通过支付一个高于劳动力市场均衡水平的工资给工人,使就业市场存在一个较高的失业水平,从而使工人被解雇的机会成本增加,由此来激励工人努力工作,那么应该如何设定工资水平? 如何才能保证工人努力工作,而不是偷懒?

考虑企业和工人之间进行如下博弈:第1阶段,企业选择以一个工资水平 w 招聘工人,或者选择不招聘,如果选择招聘,则博弈进入第2阶段;第2阶段,工人选择是否应聘企业提供的工资,如不应聘,他将失业,获得较低的收入水平 w_0,博弈结束,否则,博弈进入第3阶段;在第3阶段,工人决定是否努力工作。努力工作将会导致一个负效用 e,而偷懒则不存在负效用。如果工人努力工作,那么一定会出现高产出 y;如果工人偷懒,企业产出以 p 的概率为高产出 y,以 $1-p$ 的概率为低产出 0。因此,当工人努力工作时,企业和工人的收益分别为 $y-w,w-e$;当工人偷懒时,企业和工人的收益分别为 $py-w$ 和 w。其中,$y-e>w_0>py$。该动态博弈的扩展式表述如图 5-6 所示。

显然,该动态博弈的子博弈纳什均衡为(不招聘,应聘-偷懒)。这是一个"坏的"结果,企业选择不招聘,因为应聘的工人不会努力工作。而社会总福利更高的结果是企业招聘,工人应聘且努力工作,此时社会总福利为 $y-e$,高于子博弈纳什均衡下的福利水平 w_0。那么,在无限次重复博弈时,可否实现企业和工人之间的合作?

考虑如下触发策略:

① 企业在第1期开出的工资为 w^*,如果 $t-1$ 期博弈的结果为"高工资,高产出",那么,在第 t 期仍开出高工资,否则,不招聘。

② 工人在第1期选择应聘并努力工作,如果 $t-1$ 期博弈的结果

为高工资,高产出,那么,在第 t 期选择应聘并努力工作,如果企业开出的工资 w 低于 w^*,则选择应聘且偷懒。

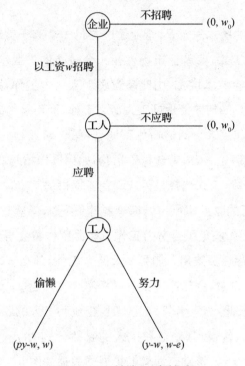

图 5-6　效率工资博弈

那么,w^* 满足什么条件,才能使上述触发战略之下,(招聘,应聘—努力)成为每一次重复博弈的纳什均衡?

对于企业而言,每一次重复博弈采取合作行动,即招聘的收益现值 $(y-w^*)/(1-\delta)$,必须大于采取不招聘的收益现值 0。也就是:

$$y-w^* \geqslant 0 \qquad\qquad (5-3)$$

对于工人而言,每一次重复博弈采取合作行动,即应聘且努力工作的收益现值,必须大于应聘且偷懒的收益现值。工人合作的收益现值为:

$$V_e = (w^* - e)/(1-\delta)$$

工人偏离合作的收益现值为：

$$V_s = w^* + \delta[pV_s + (1-p)w_0/(1-\delta)]$$

因此，在重复博弈中，工人保持合作的条件为 $V_e \geq V_s$，即：

$$w^* \geq w_0 + [1 + \frac{(1-\delta)}{\delta(1-p)}]e \qquad (5-4)$$

上式意味着，要想使工人努力工作，企业必须设定一个较高的工资水平，该工资不仅可以弥补其失业的收益 w_0，其工作负效用 e 还必须有一个额外的补偿，$(1-\delta)/[\delta(1-p)]e$。如果企业可以完全监督工人，即 $p=0$，那么，额外的工资补偿会更低一些。

由于工资为企业成本，企业的最大化行为意味着式（5-4）取等号。结合企业进行合作的条件 $y - w^* \geq 0$，可以得到：

$$y - e \geq w_0 + \frac{1-\delta}{\delta(1-p)}e \qquad (5-5)$$

上式意味着，要使合作成为重复博弈的子博弈完美纳什均衡，工人努力工作的产出和负效用之间的差距必须不小于工人失业的收益与额外工资补偿之和。当工人非常重视未来收益，即 δ 十分接近 1 时，效率工资仅需弥补工人失业的收益以及工人努力工作的负效用即可促使工人合作；努力工作的产出水平只要不低于工人失业的收益与努力工作负效用之和即可在前述触发策略下实现（招聘，应聘－努力）作为重复博弈的子博弈完美纳什均衡。

▶▶▶ **本章小结**

1. 相对于一次性博弈，现实生活中人与人之间的交往、企业和企业之间的竞争以及国家与国家之间的博弈往往是重复进行的。我们把每次重复进行的博弈称为原博弈，原博弈的每一次博弈称为重复博弈的一个阶段,从第一阶段以后的任何一个阶段开始的重复博弈部分称为原重复博弈的一个子博弈。原博弈的有限次重复为有限次重复博弈,其无限次重复为无限次重复博弈。

2. 对于有限次重复博弈而言,如果原博弈具有唯一纯策略纳什均衡,或者为零和博弈,那么该重复博弈的子博弈完美纳什均衡是在博弈的每一阶段重复原博弈的纳什均衡;如果原博弈为具有多重纯策略纳什均衡,那么存在如下可能:即通过构建触发策略来实现博弈双方在重复博弈的早些阶段选择原博弈纳什均衡之外的策略组合,从而促进合作,提高双方重复博弈总收益。

3. 有限次重复博弈的民间定理是指,对一个存在多重纳什均衡的完全信息静态博弈,如果重复博弈的次数足够多,有限次重复博弈必然存在一个子博弈完美纳什均衡,其实现的平均收益可以近似于任何一个高于个体理性收益的可实现收益。

4. 对于无限次重复博弈而言,如果原博弈为零和博弈,那么,重复博弈每一个阶段的纳什均衡为原博弈的纳什均衡;如果原博弈存在唯一的纯策略纳什均衡,那么,重复博弈可以通过构建触发策略或者针锋相对策略来促进博弈各方在博弈的每个阶段进行合作,即选择收益更高的策略组合,条件是贴现系数足够大。

5. 无限次重复博弈的民间定理是指,给定一个有限的完全信息静态博弈,如果贴现系数足够接近1,那么该博弈的无限次重复博弈必然会存在一个子博弈完美纳什均衡,其在每一阶段给博弈方带来的平均收益可以为高于个体理性收益的任何可实现收益。

6. 在无限次重复古诺博弈时,可以通过触发策略促使两企业在重复博弈的每个阶段实现合作,即生产垄断产出的一半。在贴现系数比较小时,通过触发策略,企业可以实现低水平的合作,即生产高于垄断产出的一半但是低于古诺均衡产出的产量水平。贴现系数较小时企业之间的高水平合作则可以通过加大惩罚力度的"胡萝卜加大棒"策略来实现。

7. 效率工资模型刻画了无限次重复博弈下工人和企业如何通过触发策略来实现合作解。企业通过设立一个足够高的工资水平,即可以弥补工人自我雇佣的收入加上努力工作的负效应以及一个额外的补偿,可以促进工人努力工作。

▶▶▶ 术 语

重复博弈　原博弈　民间定理　触发策略　低水平合作　高水平合作　针锋相对策略　"胡萝卜加大棒"策略

▶▶▶ 习 题

1. 考虑如下静态博弈:

		博弈方2		
		左	中	右
博弈方1	上	4,2	4,4	1,2
	中	4,4	5,5	2,6
	下	2,1	6,2	3,3

请问:

(1) 一次博弈的纯策略纳什均衡是什么?

(2) 两次重复上述博弈的子博弈完美纳什均衡是什么?

(3) 无限次重复博弈时,触发策略使博弈双方在每个阶段博弈选择(中,中)的条件是什么?

2. 考虑如下静态博弈：

		博弈方2		
		左	中	右
博弈方1	上	2,2	7,1	1,1
	中	1,7	5,5	2,2
	下	1,1	2,2	3,3

请回答：

（1）该博弈的纯策略纳什均衡是什么？

（2）两次重复该博弈的子博弈完美纳什均衡是什么？

（3）三次重复该博弈可否通过触发策略来实现第一阶段双方选中？

（4）四次重复该博弈可以实现几个阶段双方选中？

3. 考虑如下动态博弈：

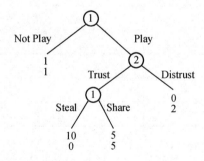

请问：

（1）该博弈的子博弈完美纳什均衡是什么？

（2）3次重复该动态博弈是否可以实现第1阶段结果为（Play-Share，Trust）？

（3）无限次重复该动态博弈时，触发策略实现每阶段结果为（Play-Share，Trust）的条件是什么？

第 **6** 章

静态贝叶斯博弈

1. 了解静态贝叶斯博弈的基本含义。

2. 会求解静态贝叶斯博弈的纳什均衡。

3. 理解拍卖模型的基本思想。

4. 理解机制设计的基本思想。

5. 寻找贝叶斯博弈中激励相容的直接机制。

学\习\目\标

贝叶斯博弈又称非完全信息博弈。非完全信息是指部分博弈方对其他博弈方的收益状况缺乏了解的情形。由此需要解决的两个问题是:给定博弈规则,面临信息约束的博弈方如何选择最优的策略,其典型应用是拍卖;为了实现特定的结果,如何设计博弈规则,其典型应用是委托代理问题。本章将介绍贝叶斯博弈及其在上述两个方面的应用。

6.1 基本概念

在静态贝叶斯博弈中,博弈方同时采取行动,且博弈方可能对自己的收益或者类型偏好具有私人信息。换言之,某些或者所有博弈方仅知道自己的收益或者类型偏好,但是不知道其他博弈方的收益或者类型偏好。一个静态贝叶斯博弈包括如下要素:

① 博弈方 i,即在博弈中根据自己的信息状况采取行动的人或者组织。

② 博弈方 i 的有限行动集 a_i,该行动集构成了博弈方 i 的所有可能行动。

③ 博弈方 i 的有限类型集 θ_i,该类型集设定了博弈方 i 的所有可能类型。

④ 博弈方 i 类型的先验概率分布 $p(\theta_i)$,该分布函数设定了博弈方不同类型的概率。

⑤ 博弈方的效用水平 u_i,即博弈方 i 在其类型 θ_i 和所有博弈方行动组合下的收益,即 $u_i = u(a_1, \cdots, a_n; \theta_i)$。

基于这些要素,一个包含 n 个博弈方的静态贝叶斯博弈可以表述为:$G = \{a_1, \cdots, a_n; \theta_1, \cdots, \theta_n; p_1, \cdots, p_n; u_1, \cdots, u_n\}$。

在静态贝叶斯博弈中,博弈方 i 尽管不知道其他博弈方的类型,但是他可以对其他博弈方可能类型进行推断,记为 $p_i(\theta_{-i} \mid \theta_i)$,其中 θ_{-i} 为其他博弈方的类型。给定一个关于博弈方类型的先验概率分布 $p(\theta)$,博弈方 i 知道自己的类型 θ_i,那么,i 可以根据贝叶斯法则计算出其他博弈方类型的条件概率,即:

$$p_i(\theta_{-i} \mid \theta_i) = \frac{p(\theta_{-i}, \theta_i)}{p(\theta_i)} = \frac{p(\theta_{-i}, \theta_i)}{\sum\limits_{\theta_{-i} \in \Theta_{-i}} p(\theta_{-i}, \theta_i)} \tag{6-1}$$

静态贝叶斯博弈中博弈方 i 的策略是指从其类型 θ_i 到行动 a_i 的一个函数,$s_i(\theta_i)$。该策略既可以是纯策略,也可以是混合策略。

给定其他博弈方的纯策略 s_{-i},博弈方 i 在自己类型为 θ_i 时采取纯策略 s_i 的期望效用为:

$$Eu_i(s_i \mid s_{-i}, \theta_i) = \sum_{\theta_{-i} \in \Theta_{-i}} u_i(s_i, s_{-i}(\theta_{-i}), \theta_i, \theta_{-i}) p(\theta_{-i} \mid \theta_i)$$

$$(6-2)$$

下面我们给出贝叶斯纳什均衡的定义。在静态贝叶斯博弈中,如果任意博弈方 i 和他的每一种可能类型 $\theta_i, s_i(\theta_i)$ 所选择的行动 a_i 都能满足:

$$\max_{a_i \in A_i \theta_{-i}} \sum \{u_i [s_1^*(\theta_1), \cdots, s_{i-1}^*(\theta_{i-1}), a_i, s_{i+1}^*(\theta_{i+1}); \theta_i] p(\theta_{-i} \mid \theta_i)\}$$

那么, $s^* = (s_1^*, \cdots, s_n^*)$ 为该博弈的贝叶斯纳什均衡。类似于完全信息静态博弈中的纳什定理,每个有限贝叶斯博弈都有一个贝叶斯纳什均衡。

我们采用海萨尼转换来求解静态贝叶斯博弈的贝叶斯纳什均衡。所谓海萨尼转换是指通过虚构一个称之为"自然"博弈方的行动把静态贝叶斯博弈表述为一个非完美信息的动态博弈。其中,自然的行动是决定参与人的类型。海萨尼转换把一个静态贝叶斯博弈 G 变成如下顺序的动态博弈:

① 自然赋予各博弈方类型;

② 自然仅告知博弈方 i 自己所属的类型;

③ 博弈方同时从其可行集中选择行动;

④ 各方获得收益。

6.2 求解简单贝叶斯纳什均衡

下面将以一些例子来分析静态贝叶斯博弈的求解方法。

6.2.1 警官的困境

考虑如下情境:一位巡街警官在街角碰见一位携枪嫌疑犯,而该

経济博弈论基础教程 <<<

嫌疑犯也同时发现了该巡警。在碰面的一瞬间,双方决定是否向对方开枪。假定该嫌疑犯确实为罪犯的概率为 p,为平民的概率为 $1-p$。如果嫌犯"开枪",警官也"开枪";如果嫌犯"不开枪",警官也"不开枪"。但是,如果嫌疑犯确实为罪犯,其上策是"开枪";如果嫌疑犯为平民,其上策是"不开枪"。

该静态贝叶斯博弈可以转换为如下博弈次序:

① 自然赋予嫌疑犯类型,即 p 的概率为良民,$1-p$ 的概率为罪犯;

② 自然告知嫌疑犯其类型,但是不告知警官嫌疑犯的类型;

③ 警官和嫌疑犯同时采取行动;

④ 各方获得收益。

为了便于分析,我们假设该博弈如图 6-1 所示。其中,在嫌疑犯的每一个类型下的静态博弈存在唯一的纳什均衡:当嫌疑犯为良民时,纳什均衡为(不开枪,不开枪);当嫌疑犯为罪犯时,纳什均衡为(开枪,开枪)。

		警官	
	良民($1-p$)	开枪	不开枪
嫌疑犯	开枪	$-3,-1$	$-1,-2$
	不开枪	$-2,-1$	$0,0$
	罪犯(p)		
嫌疑犯	开枪	$0,0$	$2,-2$
	不开枪	$-2,-1$	$-1,1$

图 6-1 警官的困境

由于嫌疑犯知道自己的真实类型,因此,其最优策略很简单,选择其上策,即:如果他是平民,他选择"不开枪";如果他是罪犯,他选择

"开枪"。而警官不知道嫌疑犯的真实类型,只知道其属于不同类型的概率,因而警官在给定对嫌疑犯不同类型的概率下选择最优的行动。给定嫌疑犯在两种类型下的最优行动,如果警官选择"开枪",其期望收益为:$(1-p) \times (-1) + p \times 0 = p-1$;如果警官选择"不开枪",其期望收益为:$(1-p) \times 0 + p \times (-2) = -2p$。因此,警官的最优行动为:如果"开枪"的期望收益大于"不开枪"的期望收益,那么其最优策略为"开枪";如果"开枪"的期望收益小于"不开枪"的期望收益,那么其最优策略为"不开枪";否则,在"开枪"和"不开枪"之中选择混合策略。也就是:

① 如果 $p > 1/3$,警官的最优策略为"开枪";

② 如果 $p < 1/3$,警官的最优策略为"不开枪";

③ 如果 $p = 1/3$,警官采取混合策略。

警官的上述策略与嫌疑犯在两种类型下的行动选择,构成了该静态贝叶斯博弈的纳什均衡。

6.2.2 更复杂一点的例子

考虑如下贝叶斯博弈:

① 自然按照相同的概率决定收益矩阵为图 6-2 中的矩阵Ⅰ,还是矩阵Ⅱ;

矩阵Ⅰ(概率为0.5)				矩阵Ⅱ(概率为0.5)		
		博弈方2				博弈方2
		L	R			L	R
博弈方1	U	1,1	0,0	博弈方1	U	0,0	0,0
	D	0,0	0,0		D	0,0	2,2

图 6-2 存在多重纳什均衡的静态贝叶斯博弈

② 博弈方 1 知道自然的选择,而博弈方 2 不知道自然的选择;

③ 博弈方 1 选择 U 或者 D,博弈方 2 同时选择 L 或者 R;

④ 两种情况下各自收益如图 6-2 中矩阵所示。

请找出所有的纳什均衡。

对上面两种情况下的静态博弈进行分析可知,每一种情况下都有两个纯策略纳什均衡:(U,L) 和 (D,R),以及一个混合策略纳什均衡。类似地,两种情况作为一个静态贝叶斯博弈的两种相同可能,也存在纯策略纳什均衡和混合策略纳什均衡。

1) 寻找纯策略纳什均衡

对于图 6-2 所示的静态贝叶斯博弈,我们可以沿循如下思路来寻找纯策略纳什均衡:首先,找出各博弈方的所有纯策略;然后将其转换为一个完全信息静态博弈;最后求解该完全信息静态博弈的纳什均衡。该纳什均衡即为原贝叶斯博弈的纯策略纳什均衡。

那么,在图 6-2 博弈中,各方的纯策略是什么? 博弈方 1 的纯策略为 $S_1 = \{UU, UD, DU, DD\}$,即该博弈方在每种情况下的所有可能纯策略的组合。由于博弈方 1 知道博弈到底按照哪个矩阵进行,他的纯策略包含在每种情况下的策略选择。博弈方 2 的纯策略为 $S_2 = \{L, R\}$。由于博弈方 2 不知道博弈到底按照哪个矩阵进行,因而,他的纯策略只有两个,要么选 L,要么选 R。

那么,在上述纯策略组合下各方的收益又是多少? 首先,我们分析当策略组合为 (UU,L) 时博弈双方的收益。此时,博弈方 1 在第 1 种情况下选择 U,第 2 种情况下选 U,博弈方 2 选 L。由于每一种情况被选中的概率为 0.5,因而,此时博弈方 1 的期望收益为 $0.5 \times 1 + 0.5 \times 0$,即 0.5;博弈方 2 的期望收益为 $0.5 \times 1 + 0.5 \times 0$,即 0.5。然后,我们分析当策略组合为 (UU,R) 时博弈双方的收益。此时,博弈方在第 1 种情况下选 U,第 2 种情况下选 U,博弈方 2 选择 R。根据图 6-2 可知,博弈结果分为以 0.5 的概率为 (0,0) 和 (0,0)，因而双方的期望收益也为 (0,0)。类似地，我们可以求出博弈双方在不同纯策略组合下的收益矩阵，如图 6-3 所示。

| | | 博弈方 2 | |
		L	R
博弈方 1	UU	0.5,0.5	0,0
	UD	0.5,0.5	1,1
	DU	0,0	0,0
	DD	0,0	1,1

图 6-3　求解纯策略贝叶斯纳什均衡

运用前面学到的知识，我们很容易找到图 6-3 所示博弈的纯策略纳什均衡为 (UU,L)、(UD,R) 和 (DD,R)。这些纳什均衡也就是图 6-2 所示贝叶斯博弈的纯策略纳什均衡。具体而言，这些纯策略贝叶斯纳什均衡为：博弈方 1 在矩阵 Ⅰ 和矩阵 Ⅱ 均选 U，博弈方 2 选 L；博弈方 1 在矩阵 Ⅰ 选 U，矩阵 Ⅱ 选 D，博弈方 2 选 R；博弈方 1 在矩阵 Ⅰ 和矩阵 Ⅱ 均选 D，博弈方 2 选 R。

2）寻找混合策略纳什均衡

求解贝叶斯博弈的混合策略纳什均衡则需要先赋予每个策略一个概率，然后求解每个博弈方在另一方选择不同混合策略时的最优混合策略反应，最后检验各方最优混合策略反应能否相互兼容。那些相容的混合策略组合即为该贝叶斯博弈的混合策略纳什均衡。

根据上述思路，我们先在图 6-2 所示的贝叶斯博弈中标注博弈双方的混合策略，如图 6-4 所示。注意，由于博弈方 2 并不知道按照哪个矩阵进行博弈，因而其混合策略为 $(y,1-y)$；而博弈方 1 由于知道按照哪个矩阵进行博弈，因而其混合策略在矩阵 1 中和矩阵 2 中会不同,分别为$(x, 1-x)$和$(z, 1-z)$。

矩阵 I（概率为0.5）				矩阵 II（概率为0.5）		
		博弈方2				博弈方2
		$L(y)$	$R(1-y)$			$L(y)$	$R(1-y)$
博弈	$U(x)$	1,1	0,0	博弈	$U(z)$	0,0	0,0
方1	$D(1-x)$	0,0	0,0	方1	$D(1-z)$	0,0	2,2

图6-4 求解混合策略贝叶斯纳什均衡

然后,我们分析给定一方的混合策略,另一方的最优混合策略是什么。我们先给定博弈方2的混合策略$(y, 1-y)$,分析博弈方1的最优混合策略反应。这又分为两种情况:

情形1:博弈方1在矩阵1中的最优反应。① 如果$y>0$,博弈方1将选择$U(x=1)$,即$y>0$,$x=1$;② 如果$y=0$,$x\in[0,1]$。

情形2:博弈方1在矩阵2中的最优反应。③ 如果$y<1$,博弈方1将选择$D(z=0)$,即$y<1$,$z=0$;④ 如果$y=1$,$z\in[0,1]$。

其次我们给定博弈方1的混合策略,分析博弈方2的最优混合策略反应。由于博弈方2不知道他将参与哪个矩阵的博弈,他将比较不同策略下的期望收益。因此,如果博弈方2选择L的期望收益大于选择R的期望收益,他将选择$L(y=1)$,即:

$1/2[1x+0(1-x)]+1/2[0z+0(1-z)]>1/2[0x+0(1-x)]+1/2[0z+2(1-z)]$

上式成立的条件是$x>2(1-z)$,即⑤ 当$x>2(1-z)$时,$y=1$。类似地,我们可以求出博弈方2选择R和在L和R之间选择混合策略的条件,分别概括为:⑥ 当$x<2(1-z)$时,$y=0$;⑦ 当$x=2(1-z)$时,$y\in[0,1]$。

下面我们来分析上述从①到⑦的最优混合策略能否一致。我们分三种情况进行讨论：

情形 1：$y=0$，由②和③可知 $x\in[0,1]$，$z=0$，即给定 $y=0$，博弈方 1 的最优混合策略为 $x\in[0,1]$，$z=0$。此时，对于博弈方 2 而言是否与其最优行为的条件相一致？由⑥可知，给定 $x\in[0,1]$，$z=0$，可以使 $y=0$。因此，$y=0$，$x\in[0,1]$，$z=0$，是博弈双方的最优反应，因而能够成为图 6-2 所示静态贝叶斯博弈的混合战略贝叶斯纳什均衡。很容易检验，之前求出的两个纯策略纳什均衡 (DD,R) 和 (UD,R) 也包含在该混合策略贝叶斯纳什均衡之中。因此，图 6-2 所示静态贝叶斯博弈存在许多 BNE，其中，博弈方 2 选择 R，博弈方 1 在矩阵 I 发生时选择混合战略 $xU+(1-x)D$，在矩阵 II 发生时选择 D。

情形 2：$y=1$，由④和①可知，$z\in[0,1]$，$x=1$。另外，由⑤可知，当 $x=1$ 时，要使 $y=1$ 成立，必须 $z\geq1/2$。因此，混合策略贝叶斯纳什均衡必须是 $y=1$，$z\in(0.5,1]$ 且 $x=1$。同样可以检验，纯策略纳什均衡 (UU,L) 包含在该混合策略贝叶斯纳什均衡之中。

因此，这时存在许多贝叶斯纳什均衡，其中博弈方 2 选择 L，博弈方 1 在矩阵 I 时选择 U，在矩阵 II 时，当 $z\in(0.5,1]$ 选择 $zU+(1-z)D$。

情形 3：$y\in(0,1)$，由①和③可知，$x=1$，$z=0$；而这无法使博弈方 2 的最优反应条件⑦成立。因此，$y\in(0,1)$ 时不存在混合战略贝叶斯纳什均衡。

6.3 应用举例

6.3.1 存在信息不对称时的古诺模型

在此，我们进一步分析存在信息不对称时企业进行产量竞争的古诺模型。实际上,同一个市场生产同种产品的不同企业关于各自的生产成本存在着不对称信息。例如,有些企业的生产成本为私人信息,即只有自己知道自己的成本高低。假设有两家企业 1 和 2,生产相同的产品,在同一个市场上进行销售。企业 1 的生产成本有两种可能——高成本 c_h 和低成本 c_l,且为其私人信息;企业 2 的生产成本为 c_2,属于共同知识。两家企业的产出分别为 q_1 和 q_2,通过需求函数 $P(Q)=a-bQ$,共同决定着市场上的产品价格 P,其中 $Q=q_1+q_2$。企业 2 虽然不知道企业 1 的生产成本到底是高成本,还是低成本,但是知道企业 1 的生产成本为高成本的概率为 p,为低成本的概率为 $1-p$。

由于企业 1 知道自己的成本类型,因而它分别根据自己的成本类型来最大化自己的利润,即当其生产成本为 c_h 时,它最大化如下利润函数:

$$\max_{q_1}\pi_1(q_1,q_2,c_h,c_2)=P(Q)q_1-c_lq_1=[a-b(q_1+q_2)-c_h]q_1$$

由此可以得到企业 1 在高生产成本时针对企业 2 任意产量的最优反应为:

$$q_1^*(c_h)=\frac{a-c_h-bq_2}{2b} \tag{6-3}$$

当企业 1 的生产成本为 c_l 时,其最大化如下利润函数:

$$\max_{q_1}\pi_1(q_1,q_2,c_l,c_2)=P(Q)q_1-c_lq_1=[a-b(q_1+q_2)-c_l]q_1$$

由此可以得到企业 1 在低生产成本时针对企业 2 任意产量的最优反应为:

$$q_1^*(c_l)=\frac{a-c_l-bq_2}{2b} \tag{6-4}$$

由于企业 2 并不知道企业 1 确切成本类型,它只能在给定企业 1 不同成本类型概率下的最优产量最大化自己的期望利润:

$$\max_{q_2}\pi_2=\max_{q_2}\{p[a-b(q_2+q_1^*(c_h))-c_2]q_2+(1-p)[a-b(q_2+q_1^*(c_l))-c_2]q_2\}$$

由 π_2 对 q_2 求一阶偏导，可以得到企业 2 最优产量水平为：

$$q_2^* = \frac{q[a-bq_1^*(c_h)-c_2]+(1-p)[a-bq_1^*(c_l)-c_2]}{2b} \quad (6-5)$$

把式(6-3)和式(6-4)代入式(6-5)，可以得到：

$$q_2^* = \frac{a-2c_2+pc_h+(1-p)c_l}{3b} \quad (6-6)$$

代入企业 1 的最优产量函数，可以得到：

$$q_1^*(c_h) = \frac{a-2c_h+c_2}{3b} + \frac{p(c_h-c_l)}{6b} \quad (6-7)$$

$$q_1^*(c_l) = \frac{a-2c_l+c_2}{3b} - \frac{(1-p)(c_h-c_l)}{6b} \quad (6-8)$$

因此，存在信息不对称时的古诺模型的纳什均衡为 $(q_1^*(c_h)$—$q_1^*(c_l), q_2^*)$。如果 $a=8, b=1, c_h=3, c_l=1, c_2=2, p=0.5$，那么，我们可以不对称信息下古诺模型的贝叶斯纳什均衡为 $(9/6-15/6, 2)$。

相对于完全信息下的古诺竞争，低成本企业在非完全信息古诺竞争下的均衡产量会较低，而高成本企业在非完全信息古诺竞争下的均衡产量会较高。关于这一点，可以通过式(6-7)和式(6-8)看出。原因在于，在非完全信息时，企业 2 不知道企业 1 的具体成本类型。由此导致企业 1 实际为低成本时，缺乏信息的企业 2 仍认为企业 1 有一定的可能为高成本，由此导致企业 2 的产出比确切知道企业 1 为低成本时要高。类似地，如果企业 1 的实际成本为高成本，企业 2 仍因信息不足而认为其有一定的概率为低成本，因而企业 2 的产出会比确切知道企业 1 为高成本时要少。注意，对于任何一家企业而言，低成本者具有竞争优势，从而生产更多的均衡产出。

6.3.2 暗标拍卖

暗标拍卖是指每个竞拍者将其对拍卖品的报价密封起来，然后交给卖方,出价最高者获得产品,并按照最高价支付价格给卖方。由于每个竞标者对拍卖品的估价为私人信息,且竞标者同时出价,暗标拍卖为非完全信息静态博弈。

为了简化问题,假设只有两个竞标者参与竞拍。任一竞标者 i 的出价记为 b_i,估价为 v_i,且 v_i 服从 $[0,1]$ 区间上的均匀分布。假设竞标者采取线性出价策略,即 $b_i(v_i)=a_i+c_iv_i$,其中 $c_i>0$,那么,任一竞标者参与竞标的收益为:

$$R_i=\begin{cases} v_i-b_i,\text{当 } b_i>b_j; \\ 0.5(v_i-b_i),\text{当 } b_i=b_j; \\ 0,\text{当 } b_i<b_j。 \end{cases} \qquad (6-9)$$

由于竞标者不知道对方的估价,竞标者只能在给定自己的出价与对方出价不同关系的概率下选择一个最优的出价,以最大化自己的期望收益。任一竞标者的期望收益为:

$$ER_i=(v_i-b_i)P(b_i>b_j(v_j))+0.5(v_i-b_i)P(b_i=b_j(v_j))+0P(b_i<b_j(v_j))$$
$$(6-10)$$

把 j 的出价策略函数代入上式,且由于均匀分布下两竞标者出价相等的概率为 0,那么任一竞标者的期望收益可以进一步写为:

$$ER_i=(v_i-b_i)P(b_i>a_j+c_jv_j)=(v_i-b_i)P(v_i<(b_i-a_j)/c_j)$$
$$=(v_i-b_i)(b_i-a_j)/c_j \qquad (6-11)$$

由上述收益函数对 b_i 求一阶导数,并令其等于 0 可得,

$$b_i(v_i)=\begin{cases} \dfrac{v_i+a_j}{2},\text{当 } v_i\geqslant a_j \\ a_j,\text{当 } v_i<a_j \end{cases} \qquad (6-12)$$

对比 i 的线性策略函数可知:$a_j/2=a_i$,即 $a_i=0$,$c_i=0.5$。换言之,任意竞标者的最优出价策略为其估价的一半,而不是其估价。原因在于竞标者的收益取决于其估价与出价之间的差值。竞标者在赢

标和赢标收益之间权衡。让出价等于其估价固然有助于提高其赢标可能，但是也降低了其赢标收益。在只有两位竞拍者时，两者权衡的结果是各位竞标者按其估价的一半出价。

6.3.3 双方报价拍卖

下面我们进一步考虑另外一种拍卖，双方报价拍卖。一个卖方 S，一个买方 B，两者就某项产品进行要价和出价。卖方的要价记为 P_s，买方的出价为 P_b。如果 $P_b \geqslant P_s$，双方按照中间价，即 $0.5(P_b + P_s)$，成交。否则，无法成交。双方对产品的估价 v_i 均为私人信息，且服从 $[0,1]$ 区间的均匀分布。

在双方报价拍卖中，交易方的行动空间和策略空间均为 $[0, +\infty]$，而类型空间为 $[0,1]$。$P_s(v_s)$ 和 $P_b(v_b)$ 要成为上述拍卖中的贝叶斯纳什均衡必须能分别使交易双方的期望收益最大化。卖方的期望收益为买方出价高于自己要价的情况下成交价与自己估价之间的差距，即：

$$ER_s = \left\{ \frac{P_s + E(P_b(v_b) \mid P_b(v_b) \geqslant P_s)}{2} - v_s \right\} P(P_b(v_b) \geqslant P_s)$$

$$(6-13)$$

而买方的期望收益为自己出价高于卖方要价时自己估价与成交价格之间的差距，即：

$$ER_b = \left\{ v_b - \frac{P_b + E(P_s(v_s) \mid P_b \geqslant P_s(v_s))}{2} \right\} P(P_b \geqslant P_s(v_s))$$

$$(6-14)$$

对于上述问题的求解，必须对交易者的出价策略进行假设。我们分析两种出价策略，一口价策略和线性出价策略。

1) 一口价策略

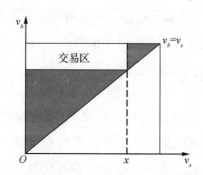

图6-5   一口价策略下双方报价拍卖贝叶斯纳什均衡

在一口价策略下,给定任意一个$[0,1]$之间的取值x,卖方采取如下策略:如果$v_s \leqslant x$,$P_s = x$,否则,$P_s = 1$,即不卖;买方的策略为:如果$v_b \geqslant x$,$P_b = x$,否则,$P_b = 0$,即不买。在一口价策略下,可以促使买卖双方达成交易的条件如图6-5中的长方形交易区域所示。

图6-5表明,买卖双方能够成交的条件为$v_b \geqslant v_s$,即图中正方形的上半区域。同时满足$v_s \leqslant x$和$v_b \geqslant x$的区域为潜在成交区的长方形区域。该区域的大小为$x(1-x)$。因此,在一口价策略下的纳什均衡为双方出价x,条件是$v_s \leqslant x$和$v_b \geqslant x$。

2) 线性出价策略

线性出价策略假定交易双方的出价策略为如下函数:$P_i(v_i) = a_i + c_i v_i$,其中$i = s, b$,且$c_i > 0$。此时,卖方要价小于买方出价的概率$P(P_b(v_b) \geqslant P_s)$可以通过把买方的线性出价策略代入求得,为:

$$P(P_b(v_b) \geqslant P_s) = P(a_b + c_b v_b \geqslant P_s) = 1 - \frac{P_s - a_b}{c_b} = \frac{a_b + c_b - P_s}{c_b}$$

$$(6-15)$$

式(6-13)中$E(P_b(v_b) | P_b(v_b) \geqslant P_s)$的含义是,卖方在其要价低于买方要价条件下对买方出价的期望值。由于v_b服从$[0,1]$区间上的

均匀分布,且买方出价策略为线性的,那么,$P_b(v_b)$服从$[a_b,a_b+c_b]$区间上的均匀分布。由此可以看出,$E(P_b(v_b)|P_b(v_b)\geqslant P_s)$的取值为$P_b(v_b)$落入$[P_s,a_b+c_b]$内的均值,即

$$E(P_b(v_b)|P_b(v_b)\geqslant P_s)=\frac{a_b+c_b+P_s}{2} \qquad (6-16)$$

把式(6-15)和式(6-16)代入式(6-13),卖方要最大化的收益函数变为:

$$ER_s=\left\{\frac{P_s+\dfrac{a_b+c_b+P_s}{2}}{2}-v_s\right\}\frac{a_b+c_b-P_s}{c_b} \qquad (6-17)$$

并对P_s求一阶导数,令其等于0,可以求出卖方的最优出价策略,为:

$$P_s=\frac{2}{3}v_s+\frac{a_b+c_b}{3} \qquad (6-18)$$

对于买方而言,其出价大于卖方要价的概率$P(P_b\geqslant P_s(v_s))$可以通过把卖方的线性出价策略代入其中得到,即:

$$P(P_b\geqslant P_s(v_s))=P(P_b\geqslant a_s+c_sv_s)=\frac{P_b-a_s}{c_s} \qquad (6-19)$$

式(6-14)中$E(P_s(v_s)|P_b\geqslant P_s(v_s))$的含义为在买方出价大于卖方要价的条件下买方对卖方要价的期望值。由于v_s在$[0,1]$区间上服从均匀分布,而$P_s(v_s)=a_s+c_sv_s$,因此$P_s(v_s)$在$[a_s,a_s+c_s]$区间上服从均匀分布。由此可知,$E(P_s(v_s)|P_b\geqslant P_s(v_s))$为$P_s(v_s)$落入区间$[a_s,P_b]$内取值的均值,即:

$$E(P_s(v_s)|P_b\geqslant P_s(v_s))=\frac{a_s+P_b}{2} \qquad (6-20)$$

把式(6-19)和式(6-20)代入式(6-14),买方最大化其如下期望收益:

$$ER_b = \left\{ v_b - \frac{P_b + \frac{a_s + P_b}{2}}{2} \right\} \frac{P_b - a_s}{c_s} = \left\{ v_b - \frac{2P_b + a_s + P_b}{4} \right\} \frac{P_b - a_s}{c_s}$$

$$(6-21)$$

由式(6-21)对 P_b 求一阶偏导,并令其等于 0,可以得到买方最优的出价水平为:

$$P_b = \frac{2}{3} v_b + \frac{a_s}{3} \qquad (6-22)$$

把式(6-18)和式(6-22)与交易双方线性出价策略函数 $P_i(v_i) = a_i + c_i v_i$ 进行比较可知,$c_s = c_b = 2/3$,$a_b = 1/12$,$a_s = 1/4$。因此,交易双方在采取线性出价策略下的贝叶斯纳什均衡为:

$$P_b = \frac{2}{3} v_b + \frac{1}{12}, P_s = \frac{2}{3} v_s + \frac{1}{4} \qquad (6-23)$$

在该贝叶斯纳什均衡下,交易双方要达成交易,必须满足 $P_b \geqslant P_s$,这意味着 $v_b \geqslant v_s + 1/4$。在由交易双方估价构成的二维空间里,该条件即为图 6-6 中的三角形交易区。

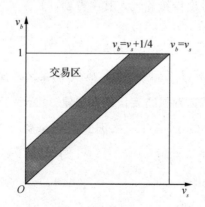

图 6-6　线性出价策略下双方报价拍卖贝叶斯纳什均衡

比较一口价策略和线性出价策略下的贝叶斯纳什均衡可知,在线性出价策略下可以促进双方交易的面积大小为 9/32(即 1/2×3/4×

3/4),而在一口价策略下可以促进双方交易的面积为 $x(1-x)$,该面积的最大值为 1/4,该值总是小于 9/32。因此,我们可以得出如下结论,线性出价策略下的贝叶斯纳什均衡总是比一口价策略下的贝叶斯纳什均衡导致更高的交易效率。

6.4 机制设计

6.4.1 基本概念

与求解静态贝叶斯博弈的纳什均衡不同,机制设计研究为了实现某种理想的结果,如何来设计博弈规则? 在委托代理关系中,委托人对代理人的类型存在着不完全信息。机制设计的目的是委托人如何设计一个机制,从而使代理人接受工作并努力工作。机制设计的关键问题是,如何保证所设计的机制在所有可能机制中是最优的。显示原理告诉我们,当代理人的类型为私人信息时,虽然代理人可以说谎,即瞒报其类型,但是任何一个说假话的机制所实现的均衡都可以被一个说真话的机制所取代。具体而言,显示原理采取两种方法来简化上述问题。以暗标拍卖为例:

首先,卖方可以集中于分析如下类型的博弈:

① 竞标者同时声明其类型 τ_i,不管其是否如实报告其类型;

② 给定竞标者所声明的类型,竞标者支付 x_i,并以 q_i 的概率获得拍卖品。其中,对于所有可能的声明组合,概率之和小于或者等于 1。

上述博弈,即每个博弈方唯一的行动就是宣布其类型的静态贝叶斯博弈,被称为直接机制。

其次,卖方利用显示原理的第二种方法是集中于那些是贝叶斯纳什均衡的直接机制,其中,每个竞标者都讲真话。讲真话为贝叶斯纳什均衡的一个直接机制被称作激励相容。显示原理是指:任何贝叶斯博弈的任何贝叶斯纳什均衡都可以表示为一个激励相容的直接机制。

考虑如图 6-7 所示博弈。其中,市场上卖主和买主为强、弱两种类型的概率相同;双方在不同类型时对产品的估计不同,记为 v;弱买主对产品的估价高于强买主,而弱卖主对产品的估价低于强卖主;只有当买方出价高于卖方要价时才能成交。显然,在完全信息条件下,图 6-7 所示博弈交易成功的概率为 3/4。但是,在不完全信息条件下,买卖双方只知道对方为两种类型的概率,而不知道其具体类型。

	强买主($v=20$)	弱买主($v=100$)
强卖主($v=80$)	无法交易	80-100(交易)
弱卖主($v=0$)	0-20(交易)	0-100(交易)

图 6-7

假定设计如下机制,即交易双方平分成交收益。该机制能否促使买卖双方讲真话? 在该机制之下,弱卖主讲真话的收益为:$10\times0.5+50\times0.5=30$;其讲假话的收益为:$90\times0.5=45$。因此,弱卖主没有讲真话的激励。在上述机制之下,弱买主讲真话的收益为:$(100-90)\times0.5+(100-50)\times0.5=30$;其讲假话的收益为:$(100-0)\times0.5=50$。因此,弱买主也没有激励去讲真话。由此可见,该机制不是一个让买卖双方讲真话的机制。

考虑另一个机制:当买卖双方一方为强、一方为弱时,有大小为 q 的概率成交,且卖方和买方的交易价格分别为 y 和 $100-y$。该机制之下,买卖双方在不同类型下的收益如图 6-8 所示。要使双方讲真话,意味着:

① 买卖双方愿意交易,即参与约束必须满足。这要求 y 小于或等于 20。此时,弱买主的出价不低于强卖主的要价,强买主的出价不

高于弱买主的要价。因此,强弱相遇能够实现交易。

② 双方愿意讲真话,即激励相容约束必须满足。这要求,买卖双方讲真话的期望收益不小于讲假话。对于弱卖主而言,讲真话的期望收益为:$y \times q \times 0.5 + 50 \times 0.5$;其讲假话的期望收益为:$(100-y) \times q \times 0.5$。由此可得,弱卖主讲真话的条件为:$q \leqslant 25/(50-y)$。此条件对于弱买主而言,也会使其讲真话。对于强卖主和强买主而言,由于讲真话的收益总是大于讲假话,都没有必要讲假话。

	强买主($v=20$)	弱买主($v=100$)
强卖主($v=80$)	无法交易	$100-y$
弱卖主($v=0$)	y	50(交易)

图 6-8

由弱卖主讲真话的条件可知,当 $y=20$,q 取得最大值,为 5/6。因此,在上述讲真话机制下,交易成功的概率为 $(5/6+5/6+1)/4=2/3$,低于完全信息下的交易概率 3/4。这说明,不完全信息下,尽管可以设计一个成交概率最大即福利损失最小的讲真话机制,但该机制仍是帕累托次优的。

6.4.2 应用举例

我们借助不完全信息劳动力市场的例子来介绍如何进行机制设计,从而把不同能力的工人区分开来。我们知道,能力是私人信息,工人知道自己的能力大小,而雇主却不知道。因此,我们面临的一个机制设计问题是,如何找到一个机制,实现贝叶斯纳什均衡。显示原理告诉我们,任何贝叶斯博弈的贝叶斯纳什均衡可以表示为一个激励相容的直接机制,而且任何一个说谎话所实现的贝叶斯纳什均衡同样可以由一个讲真话的机制来实现。因此,我们只要去分析那些满足激励相容条件的直接机制。换言之,显示原理大大地简化了我们寻找贝叶斯纳什均衡的过程。这里分两种情况进行分析:一、企业在劳动力市场上是一个竞争性买方,即市场上还有很多其他的雇主;二、企业在劳动力市场上处于垄断地位。

1) 企业竞争情形

假设劳动力市场上低能力工人和高能力工人的比例分别为 p 和 $1-p$。企业生产只需工人的劳动投入。这两类工人劳动能给企业带来的利润为 1 和 2。高能力工人受教育的成本低于低能力工人,两类工人的受教育的成本函数分别为:$c_H=0.5s$ 和 $c_L=s$。工人的净收益取决于其工资和教育成本之差,即对于高能力工人和低能力工人而言分别是:$u_H=w_H-0.5s$;$u_L=w_L-s$。企业针对两种能力/效率水平的工人开工资合同:(s_L,w_L) 和 (s_H,w_H)。那么,企业如何设计一个劳动合同把两类工人区分开来,从而实现最优的社会福利。

显示原理告诉我们,只需要分析讲真话的直接机制。无论是哪类工人,其讲真话的条件是讲真话的收益高于说假话的收益。根据上面的条件,我们可以写出高能力和低能力工人讲真话的条件分别为:

$$w_H-0.5s_H\geqslant w_L-0.5s_L \qquad (6-24)$$

$$w_L-s_L\geqslant w_H-s_H \qquad (6-25)$$

两类工人选择接受工作的条件,即参与约束为:

$$w_H-0.5s_H\geqslant 0 \qquad (6-26)$$

$$w_L-s_L\geqslant 0 \qquad (6-27)$$

由于企业处在一个竞争性劳动买方市场,企业的利润为 0。这意味着企业必须给两类工人按照其创造的利润开工资,即 $w_H=2,w_L=1$。此时,参与约束意味着 $s_L\leqslant 1$;$s_H\leqslant 4$,讲真话条件意味着 $1\leqslant(s_H-s_L)\leqslant 2$。根据显示原理,我们在满足上述条件直接机制中寻找使社会总福利更高的劳动合约。由于这里教育不具有生产性功能,企业只需把低能力工人的教育要求设定为 $s_L^* = 0$，对高能力工人的教育要求设定为 $s_H^* = 1$，即可满足上述讲真话的条件。此时，低能力工人选择低教育水平，获得低工资，高能力工人选择 1 个单位的教育水平，获取高工资。换言之，在工人存在关于其能力的私人信息的情况下，企业通过设定 $(s_L = 0, w_L = 1)$ 和 $(s_H = 1, w_H = 2)$ 可以区分两类工人。两类工人对合约的选择反映了其能力类型。可以看出，当不存在能力信息的不对称时，社会总福利，即两类工人的净收益之和，为 $2 + 1 = 3$，而存在信息不对称时，社会总福利为 $1.5 + 1 = 2.5$。教育则成了纯粹的成本，充当了能力信号的作用，是一种福利损失。

2）企业垄断情形

第二种情形之下，企业在劳动力市场处于垄断地位，因而其利润为正，且可以通过最大化利润来自主决定产量。假设：工人劳动是唯一的投入要素，工人的保留收益为 0；企业收益是产出的递减函数，即 $R'(y) > 0, R''(y) < 0$，且 $R(0) = 0$。同样，工人能力为私人信息，企业只知道低能力和高能力工人的分布概率为 p 和 $1 - p$。与高能力工人相比，低能力工人具有更高的生产成本：$c_H = c_H y, c_L = c_L y, 0 < c_H < c_L$。工人的收益取决于工资和生产成本之差，即：$u_H = w_H - c_H y$；$u_L = w_L - c_L y$。根据显示原理，我们在使工人讲真话的机制中寻找最优工资合同，该合同即该贝叶斯博弈的纳什均衡。具体而言，我们需要设计一个工资－产出合约，该合约能够使两类工人接受工资，并且讲真话，同时使社会福利最大化，此时亦即企业利润最大化。

两类工人的参与约束是：

$$w_H - c_H y_H \geq 0 \qquad (6-28)$$

$$w_L - c_L y_L \geq 0 \qquad (6-29)$$

两类工人都讲真话的激励相容约束是：

$$w_H - c_H y_H \geq w_L - c_H y_L \qquad (6-30)$$

$$w_L - c_L y_L \geqslant w_H - c_L y_H \qquad (6-31)$$

激励相容条件意味着 $y_H \geqslant y_L$。当两者相等时,出现混同均衡,即讲真话和讲假话对于两类工人而言没有差异。当 $y_H > y_L$ 时,高能力工人的激励相容条件已经包含了其参与约束,前者满足,后者自动满足。高能力工人讲真话的临界条件为式(6-30)取等号,即:

$$w_H - c_H y_H = w_L - c_H y_L \qquad (6-32)$$

由于高能力者有激励伪装成低能力者,而低能力者则没有激励说假话,因为低能力者的激励相容条件中总是取大于号(把式(6-32)代入式(6-31)可知)。企业为了节省成本,则可以把低能力工人的工资水平定在使低能力工人的效用为保留效用,即 $w_L - c_L y_L = 0$。因此,让两类工人讲真话的条件为:

$$w_L = c_L y_L \qquad (6-33)$$
$$w_H = c_H y_H + (c_L - c_H) y_L \qquad (6-34)$$

式(6-34)表明,为了让高能力者讲真话,企业需要付出额外的信息租金给高能力者,以激励高能力工人如实报告其类型。

企业最大化其如下期望利润函数:

$$E\pi = p[R(y_L) - c_L y_L] + (1-p)[R(y_H) - (c_H y_H + c_L y_L - c_H y_L)]$$
$$(6-35)$$

分别对 y_H 和 y_L 求一阶偏导,并令其等于 0,可得:

$$R'(y_H) = c_H \qquad (6-36)$$
$$R'(y_L) = c_L + (c_L - c_H)(1-p)/p \qquad (6-37)$$

式(6-36)和式(6-37)决定了企业劳动合同中针对两类工人的最优产出。那么,该产出与非完全信息下的产出有何差异?如果是完全信息,那么,垄断企业可以把两类工人的工资设定在使其效用等于其保留效用的水平,即 $w_H = c_H y_H$,$w_L = c_L y_L$。此时,企业的利润为:

$$\pi_H = R(y_H) - c_H y_H \qquad (6-38)$$

$$\pi_L = R(y_L) - c_L y_L \qquad\qquad (6-39)$$

利润最大化决定了各类工人最优的产出水平。分别为：

$$R'(y_H) = c_H \qquad\qquad (6-40)$$

$$R'(y_L) = c_L \qquad\qquad (6-41)$$

由于 $c_H < c_L$，$R'(.) > 0$，$R'' < 0$，比较式（6-36）和式（6-37）以及式（6-40）和式（6-41）可知，最优合同中，高能力工人产生更大的产出水平，即 $y_H > y_L$。进一步比较完全信息和不完全信息下的结果可知：与完全信息相比，不完全信息下，高能力工人的产出不变，工资较高，低能力工人的产出则更低，工资不变。之所以这样，是因为：为了让高能力工人讲真话，企业不得不提高其工资；同时企业在低能力工人的产出收益和成本之间进行权衡，最终降低对低能力者的产出要求。

▶▶▶ **本章小结**

1. 非完全信息静态博弈又称贝叶斯博弈，是指至少有博弈一方对其他博弈方的收益缺乏了解。通过虚构一个"自然"博弈方把非完全信息静态博弈转换为非完美信息动态博弈来求解贝叶斯静态博弈。这一转换过程被称为"海萨尼转换"。

2. 贝叶斯静态博弈的策略是指从类型到行动的一个函数。如果任何一个博弈方的策略能够使其在根据自己类型以及各方类型的分布推断其他博弈方类型的情况下最大自己行动的期望收益，那么所有博弈方策略组合即为该贝叶斯博弈的纳什均衡。每一个有限贝叶斯博弈都有一个贝叶斯纳什均衡。

3. 在存在信息不对称的古诺模型中，其中一方不知道对方生产成本的高低，只知道其属于不同成本的概率，此时，具有信息优势的一方根据自己的成本最大化利润，而缺乏信息的一方根据对方成本类型最大化自己的期望利润。由此得到的策略组合即为该贝叶斯博弈的纳什均衡。

3. 暗标拍卖则是贝叶斯静态博弈的另一项经典应用。竞标者针对标的物进行非公开竞价。每个竞标者知道自己对标的物的估价,但是不知道其他竞标者的估价,只是知道估价的分布。每个竞标者根据自己的估价以及对对方类型的估计进行出价,最大化各自期望收益的出价策略即构成了纳什均衡。在双方报价拍卖中,线性出价策略比一口价出价策略效率更高。

4. 机制设计研究为了实现特定的结果如何来设计博弈规则。其关键在于如何从众多可能机制中找到最优的机制。显示原理告诉我们,尽管博弈方的类型为私人信息,且谎报其类型,但是任何一个说假话的机制所实现的均衡都可以由一个说真话的机制来实现。任何贝叶斯博弈的任何纳什均衡都可以表示为一个激励相容的直接机制。因此,实现特定的纳什均衡,我们只需要去分析那些满足激励相容条件的直接机制。机制设计理论被广泛运用于委托—代理问题,通过设计激励相容的合约来使代理人说真话,从而提高经济效率。

▶▶▶▶ 术 语

贝叶斯博弈　静态贝叶斯博弈中的策略　海萨尼转换　贝叶斯纳什均衡　暗标拍卖　显示原理　直接机制　激励相容　混同均衡　分离均衡

▶▶▶▶ 习 题

1. 求解如下静态贝叶斯博弈的纳什均衡(包括纯策略纳什均衡和混合策略纳什均衡):

（1）自然按照相同概率决定哪个收益矩阵发生；

（2）博弈方 1 知道自然的选择，博弈方 2 不知道；

（3）博弈方 1 选择 U 或者 D，博弈方 2 选择 L 或者 R；

（4）博弈方收益如矩阵所示。

矩阵 I（概率为 0.5）				矩阵 II（概率为 0.5）			
		博弈方 2				博弈方 2	
		L	R			L	R
博弈方 1	U	1,1	0,2	博弈方 1	U	2,2	0,1
	D	0,2	1,1		D	4,4	2,3

2. 【战争博弈】两军对峙，争夺一个具有战略意义的山头。每个军队有两个策略，"进攻"或者"不进攻"。军队 1 可能是王牌军，也可能是杂牌军，概率分别为 p 和 $1-p$。军队 2 是杂牌军。军队 1 知道自己的真实类型，而军队 2 只知道军队 1 为不同类型军队的概率。任何一方可以占领山头的情况有两种：对方没有进攻，而自己进攻了；双方都进攻了，但是自己一方实力更强。都不进攻，或者都是同类型军队，不会有任何一方占领山头。

现假设该山头的价值是 M，王牌军进攻的成本为 s，杂牌军进攻的成本为 w，且有 $M>w>s$。不进攻以及单方面进攻的成本均为 0。求该贝叶斯博弈的纯策略纳什均衡。

3. 【石头、剪刀、布】张三和李四玩"石头、剪刀、布"的游戏。张三是一个正常的玩家，李四则有可能为正常玩家，也有可能是一个总是出石头的玩家，概率分别为 p 和 $1-p$。张三不知道李四的具体类型。加入 $p=1/3$，请求该贝叶斯博弈的纯策略纳什均衡。

4. 【夫妻之争】妻子开心时喜欢和丈夫一起行动，妻子不开心时，喜欢单独行动。丈夫不知道妻子的心情，但知道妻子的开心和不开心

的概率分别为 p 和 $1-p$。妻子和丈夫的策略有两个"看球赛"或者"看歌剧"。丈夫和妻子同时选择"看球赛"或者"看歌剧",各自收益如下所示:

开心(概率为 p)			不开心(概率为 0.5)		
		妻子			妻子
		歌剧	球赛			歌剧	球赛
丈夫	歌剧	2,1	0,0	丈夫	U	2,0	0,2
	球赛	0,0	1,2		D	0,1	1,0

当 $p=1/2$ 时,求解贝叶斯博弈的纯策略纳什均衡。

5. 求解当竞标者人数为 n 时,本章所述暗标拍卖的贝叶斯纳什均衡。

6. 一场暗标拍卖有两个竞拍者。他们对标的物的估计服从$[0,1]$区间上的均匀分布。假设,竞标者效用函数为其估价减去中标价格乘以风险态度参数 α,其中,$\alpha>1$ 表示风险偏好,$\alpha=1$ 表示风险中性,$\alpha<1$表示风险厌恶。请分析在线性竞标策略下的均衡,出价与风险态度之间的关系,并且设计一个博弈方讲真话的直接机制。

主要参考文献

［1］罗伯特·吉本斯. 博弈论基础［M］. 高峰，译. 北京：中国社会科学出版社，1999.

［2］谢识予. 经济博弈论［M］. 上海：复旦大学出版社，2013.

［3］张维迎. 博弈与社会讲义［M］. 北京：北京大学出版社，2013.

［4］王则柯. 博弈论平话［M］. 北京：中国经济出版社，2006.

［5］迪克西特，奈尔伯夫. 妙趣横生博弈论：事业和人生的成功之道［M］. 董志强，等译. 北京：机械工业出版社，2015.

［6］张照贵. 经济博弈与应用［M］. 2 版. 成都：西南财经大学出版社，2016.

［7］刘德海. 博弈论前沿专题（讲稿）［Z］. 大连：东北财经大学，2006.

［8］Binmore K. Game Theory：A Very Short Introduction［M］. New York：Oxford University Press，2007.

［9］Jackson M O，Leyton-Brown K L，Shoham Y. Game Theory ［DB/OL］. Online Course at Coursera Inc. https：www. coursera. org/ learn/game-theory-1，2015.